朝日新書
Asahi Shinsho 441

おつまみワイン100本勝負

山本昭彦

朝日新聞出版

まえがき

テレビドラマとマンションのチラシは時代を映す。今やNHKのドラマでも、カップルがワイングラスを回している。マンションの高級感を表現する小道具は、リビングのワインボトルだ。ワインは暮らしに浸透した。そう思いたいが、現実は違う。

日本人の年間ワイン消費量は香港人より少ない。ワインとスピリッツの国際見本市「ヴィネクスポ」によると、一人2・4リットル（2011年調べ）。1年にわずか3・2本。ほとんどの人は、ボージョレ・ヌーヴォーと、クリスマスのスパークリングワインに、プラスアルファ程度なのだろう。

なぜか？　少なくとも年間300本以上を消費する私は考えた。

答えは一つ。敷居が高いからだ。グラス、温度、不明瞭な値段……もっとややこしいのが食べ物との相性だ。デートしたレストランで、ワインリストを前に途方にくれた男性は少なくないだろう。赤が好きなのに、魚は白でないといけないのか？　値の張るものを頼まないとカッコ悪いのか？　スーパーでも選び方がわからない。ワインには洒落（しゃれ）た料理が必要なのか？　面倒くさい。ビールのほうが気楽で、懐にも優しい。日本人は様式にこだわる。大勢のワイン予備軍が、二の足を踏んでいる。

無理ない面もある。ワインは料理とともに世界に広がった。フランスワインがトップに君臨するのは、フランス料理が外交の場で美食の王座に座ってきたからだ。ワインの雑誌や番組では、黒服のソムリエが高そうなお皿とワインの合わせを勧めている。鴨のオレンジ煮、フォアグラにオマール海老……年に一度、記念日に食べるかどうかという料理ばかり。ますます腰が引ける。大半の日本人にとって、フレンチは非日常の食べ物だ。

もっと気軽にワインを飲もう。暮らしに溶け込んだ飲み物として。着飾って、レストランでグラスを回すのがすべてではない。部屋着で、おうち飲みを楽しめばいい。そのために、ワイン紹介から入るのは止めた。こむずかしい理屈が邪魔になるから。おつまみを買った時、何を開けたいか。生活者の観点から、１００本のワインを選んだ。

本書を思いついた時、頭に浮かんだのは都会で働く30〜40代の女子たち。仕事は忙しい。平日は料理する余力がない。でも、うるおいは欲しい。帰宅する途中、デパ地下やコンビニで気の利いたおつまみを買う。グラス１、２杯飲んで、疲れを癒やす。「お疲れさま」を言う相手は、パートナーでも、自分自身でもいい。明日もガンバロー。ワインはささやかな元気をくれる。

ワイン代の上限は3000円と決めた。それがデイリーワインの許容範囲だから。本書の表示価格は超えていても、市場ではほぼ3000円以内におさまっている。ビールに比べて、高いと思う人もいるだろう。そうでもない。私の場合、平日に飲むのはグラス2杯程度。飲みきるのに3、4日はかかる。意外に割安なのだ。

開けたその日に、飲みきる必要はない。紹介したワインの大半は、栓をして冷蔵庫にしまうだけで1週間は保つ。平日に開けて、週末に堅さがとれた。そんな白ワインも多い。食べ物とワインの相性がつぼにはまった時の快感は癖になる。ビールにはちょっとない悦楽だ。

正直、前作『おうち飲みワイン100本勝負』より、はるかに苦労した。前作はシチュエーションに合わせて、好きなワインを選んだ。今回はワインとの相性を確認する必要があった。ソムリエの教本には載っていない。自分ですべて試した。ソーヴィニヨン・ブラン一つとっても、産地と造り方で味わいは異なる。山菜には合っても、魚介とはいまひとつ。そんなケースが続出した。一度に5、6種を開けて、比較しながら間合いを探る。つらくもあり、楽しい作業でもあった。

100本を五つのパートに分けた。季節を問わず、飲めるものを冒頭に。残りは春夏秋冬の季節別に紹介している。お手頃価格といっても、どこのスーパーにも置いてあるわけではない。安くて、品質のよいワインは、レストランや目利きのワイン屋に直行する。本物の関さばがどこにでも売っているわけではないように。ネットで検索してほしい。輸入元に、近くのショップを紹介してもらうのもいいだろう。

本書はおつまみレシピ本ではない。基本は持ち帰り惣菜だ。調理するといっても2分以内のものばかり。料理好きな方は、工夫していただければいい。安い惣菜だからといって、お手軽なワインは選んでいない。世界の評論家が認める膨大なワインの中から絞り込んだ。ワインの評価はそれ単体で行うものだが、今回は料理との相性を加えた。評価がいまひとつでも、相性がよくて、魅力が際立った例もある。女性が素敵なパートナーに引き立てられて、輝きを増すようなものだ。

私はフランス料理が好きだ。毎年のように現地の生産者を訪問し、星付きレストランを食べ歩いてきた。独創的な料理に、いいワインを合わせると、他では得られない悦楽を味わえる。それはしかし、日常からかけ離れた祝祭だ。お手頃ワインと手軽なおつまみ。ささやかな幸せこそが、日々の暮らしを豊かにしてくれる。等身大の喜びがあるから、背伸びした時の感動も大きいのだ。

ロックの世界では、はっぴいえんどが日本語ロックを切り開き、桑田佳祐が歌詞をロックのビートに乗せる挑戦を続けてきた。ワインも、そろそろ西洋崇拝から抜け出す時期だ。天むすやお好み焼きで、赤ワインを飲んだっていいではないか。日本人なのだから。和の惣菜と楽しめばいい。

和食は世界的ブームだ。ユネスコの無形文化遺産に登録されようとしている。米国の「ワイン・スペクテイター」誌は、ロサンゼルスの人気レストラン「ヒノキ&ザ・バード」の、鴨の粕漬けとオーストリア産リースリングのマッチングを紹介していた。外国の自由な発想から見習うことも多い。思い込みを捨て去った時、目の前が開ける瞬間が必ずある。

本書を手にした方が、おつまみワインに目覚めて、日本人の消費量が増えれば幸いだ。

2013年11月

山本　昭彦

おつまみワイン100本勝負

目次

第5章 冬のおつまみワイン

撮影　植田真紗美・大嶋千尋

データの見方

価格
輸入元が発表する2013年10月時点の価格（税抜き）です。ネットショップで検索すれば、希望小売価格や参考上代より２割以上安く買える品もあります。実勢価格はほぼ3000円以内です。ヴィンテージは最新のもの。ボトル画像と異なるケースがあります。SCはスクリューキャップの意です。

色の違い　…赤ワイン　…ロゼワイン　…白ワイン

評価　主要なワインガイドの評価を掲載しています。

WA
米国の評論家ロバート・パーカーが主宰するニュースレター「ワイン・アドヴォケイト」の略。ワイン界で最も大きな影響力を誇ります。100点方式。幅のある点数は樽から試飲した暫定評価です。

IWC
米国の評論家ステファン・タンザーが主宰するウェブサイト「インターナショナル・ワイン・セラー」の略。ブルゴーニュやボルドーで定評があります。100点方式。

MVF
「レ・メイユール・ヴァン・ド・フランス」の略。フランスで最も大きな影響力を誇るガイド。世界最優秀ソムリエのオリヴィエ・プシェらが評価。★から★★★まで３段階で生産者を評価。個別のワインは20点方式。

GR
「ガンベロ・ロッソ」の略。同社の出版するガイド「ヴィニ・ディ・イタリア」はイタリアワインで最も権威があります。生産者は★から★★★★★で評価。ワインはグラス数の１から３で評価。

AWC
「オーストラリアン・ワイン・コンパニオン」の略。オーストラリアワインの権威ジェームス・ハリデーのガイドブック。採点は甘めですが、広い範囲をカバーします。生産者は★から★★★★★で評価。個別ワインは100点方式。

PG
「ペニャン・ガイド」の略。スペインで最も権威のあるガイドブック。100点方式。

これもオススメ
同じ産地、タイプ、つながりのある生産者を紹介。産地の基準となる高価な銘柄も含まれています。

第1章

オールシーズン楽しめるおつまみワイン

クロワッサン×

温めて香ばしさを合わせる

no.1

DIGNITAT
BRUT NATURE
CAVA

カバ ジョセップ・マサックス ディグニタット・ブリュット・ナチュレ NV

Cava Josep Masachs Dignitat Brut Nature NV

希望小売価格	2000円
産地	スペイン カタルーニャ州
ブドウ品種	チャレロ、マカベオ、パレリャーダ
評価	—
輸入元	ワイナリー和泉屋 TEL 03－3963－3217

フランスワインに合う鉄板のおつまみ。それがクロワッサンだ。フランスの食卓に、パンとバターは欠かせない。バターをたっぷり使って焼きあげるクロワッサンが、ワインに合うのは当然だろう。三日月の形から名前がついたこのパンに、最も合うのはシャンパン。バターや香ばしいトーストの香りが、泡と共に立ちあがる。シャンパンは長期間、酵母の澱(おり)と共に瓶内で熟成させる。酵母のタンパク質からアミノ酸が溶け出し、うまみと複雑な香りが生まれるのだ。

でも、シャンパンは毎日、飲めない。代わりに探したのがスペインのカバ。瓶内で二次発酵させるシャンパンと同じ製法をとる。「エル・ブジ」が先導したスペインの美食革命で、品質も上がっている。安かろう、まずかろうもまだまだ多いが、ディグニタットはピュア。コストパフォーマンスが高い。泡の細かさ、複雑な香り、雑味のなさ。すべてクリアしている。コツを一つ。トースターで温めて、クロワッサンの香りをたてるとよりおいしい。泡物は明日への活力だ。

これもオススメ　エスクトゥリト、フェレ・イ・カタスス、エル・セップ

あんかけ焼きそば ✕

酢をかけ回すのと同じ効用

no.2

Chateau Ste Michelle
RIESLING
COLUMBIA VALLEY
2011

シャトー・サン・ミッシェル コロンビア・ヴァレー リースリング 2011

Chateau Ste. Michelle Columbia Valley Riesling

参考上代	2150円　SC
産地	米国 ワシントン州コロンビア・ヴァレー
ブドウ品種	リースリング100%
評価	未輸入のドライ・リースリングが87点 WA
輸入元	ファインズ　TEL 03－5745－2190

米国旅行中は中華のテイクアウトのお世話になる。シリコン・ヴァレーのモーテルで、近くの料理店からあんかけ焼きそばを持ち帰った。店の向かいに韓国人の経営するリカーショップ。冷蔵庫で冷えていたこのワインを買った。期待せずに開けたら大当たり。切れのいい酸がとろみのしつこさを断ち切る。アルコール度は低め、やや残糖がある。オレンジの花の香りが心地よい。炒めた肉やエビもスルリと合う。日本なら二人前近い量を完食した。翌朝、残ったワインをすするうちわかった。酢をかけ回すのと同じ効用があったと。

脱力気味の店長だったが、品揃えはよかった。シアトルのあるワシントン州は注目の産地。半砂漠気候のコロンビア・ヴァレーは、リースリングが成功している。シャトーはドイツ・モーゼルの名手エルンスト・ローゼン博士と提携している。本物のリースリング魂を秘めている。上品で、押しつけがましくない。辛子でなくマスタードをつけると、ワインと距離が縮まる。ほの甘いリースリングは中華の心強い相棒だ。

これもオススメ　ロング・シャドウズ、O-Sワイナリー、チャールズ・スミス

チャーハン×

パイナップルの香りと相乗

no.3

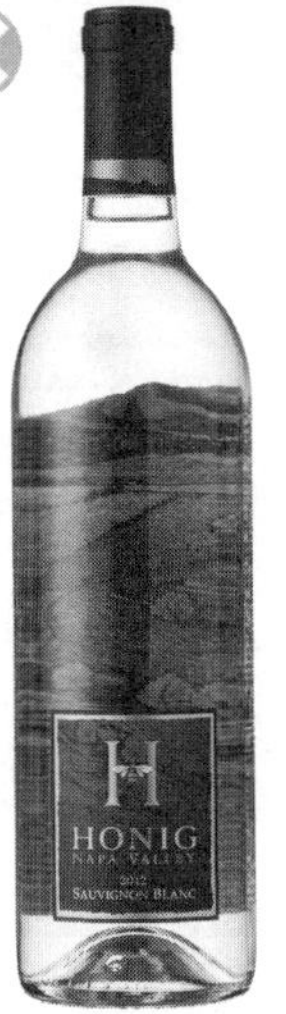

HONIG
NAPA VALLEY
2012
SAUVIGNON BLANC

ホーニッグ ナパ・ヴァレー ソーヴィニヨン・ブラン 2012

Honig Napa Valley Sauvignon Blanc

希望小売価格	3000円
産地	米国 カリフォルニア州ナパ・ヴァレー
ブドウ品種	ソーヴィニヨン・ブラン97%、セミヨン2%、マスカット1%
評価	88点　WA
輸入元	中川ワイン　TEL 03－3631－7979

米国産ワインの9割以上を生むカリフォルニア。代表的な産地はナパ・ヴァレーだ。赤ワインが中心のホットな土地で、ソーヴィニヨン・ブランに挑んだ変わり者がホーニッグ。初代当主はワゴン車にワインを積んで、サンフランシスコのレストランに売って回ったそうだ。90年代以降、食のライト&ヘルシー志向に伴って、人気が出た。現当主の妻ステファニー・ホーニッグは「和食や中華に向く」と。

ベストマッチはチャーハンだった。ソーヴィニヨン・ブランは香り高い品種。フランスの冷涼なロワールで仕込むと、青リンゴやレモンの香りを放つ。温暖なナパ・ヴァレーでは、パイナップルや白桃の香りになる。香港にパイナップルを使うチャーハンもある。相乗して当然だろう。しつこい油を流し、口の中を中和してくれる。レンゲを持つ手が止まらない。中国茶もさっぱりさせてくれるが、香りを高め合うのはワインだけ。ステファニーは3児の母。次世代を考えて、サステイナブル（環境保全型）生産に取り組む。志も高い。

これもオススメ　ダックホーン、ジャスリン、クリフ・リード

餃子×

ニンニク丸めこむ南国果実の香り

no.4

Viña Esmeralda
TORRES

トーレス ヴィーニャ・エスメラルダ 2012

Torres Vina Esmeralda

希望小売価格	1600円
産地	スペイン カタルーニャ州
ブドウ品種	モスカテル85%、ゲヴュルツトラミネール15%
評価	11年が84点 WA ／ 11年が87点 PG
輸入元	三国ワイン ℡ 03－5542－3939

ロック歌手の桑田佳祐に取材した時のこと。アメリカンロック談議で盛り上がった最後にポツリ。「アメリカ人が偉いといっても、餃子(ギョーザ)にビールのうまさはわからない」と。同感。モッチリした皮が口蓋(こうがい)に張り付き、パリッとした焼き目を噛むと、肉汁が弾ける。ささやかな、そのドラマに感動するのは、日本人と中国人だけ。ただ、ビールが最高では、この本は不要。いろいろと試して、スペインにたどり着いた。

モスカテル種は万人受けする。要はマスカット。誰もがうっとりとするエキゾチックな匂いだ。そこに、バラの香りのゲヴュルツトラミネールをブレンドしている。南国の果物に囲まれたような心地よさが、ニンニクの刺激的な匂いを丸めこむ。ビールだと、熱いうちに頬張りたいが、白ワインならゆっくり味わいたくなる。ワインは心にゆとりをくれる。きっちり冷やすと華やかさが際立つ。トーレスはスペインワインの代名詞的な生産者。1941年生まれの社長は日本語も堪能。偏見がないから、私の提案に賛同してくれるだろう。

これもオススメ パゴ・カサ・グラン、スパニッシュ・ホワイト・ゲリラ、フレシネ

コラム

色合わせがワインと料理の原則

ワインと料理の相性。難しく考えることはない。色を合わせればいい。白っぽい料理に白ワイン、赤みの強い食材は赤ワイン、中間のピンク色の皿にはロゼワインを。魚は白、肉は赤という錆(さび)ついたセオリーはまず捨てよう。肉を例にとれば、牛や鴨は赤に、鶏や豚は白に合わせやすい。

我々日本人は、体験的にこの法則を自覚している。ビーフステーキに、日本酒を合わせようとは思わない。イカや白身魚の刺身に、渋みのある赤ワインは不向きと知っている。

ピザは生地もチーズも白い。重厚な赤より、軽やかな白に合う。デミグラスソースをかけたハンバーグ(37ページ)は、赤ワインを呼ぶ。赤ワインには黒コショーやナツメグなどスパイスの香りがあるから。渋みのあるタンニンは、赤身ステーキ(56ページ)肉の脂を中和してくれる。シャルドネを飲みたいとは思わない。霜降りの和牛は別だが。経験の積み重ねに従えば、間違いがない。

同じ素材でも、調理法を工夫すれば、合わせるワインは変えられる。焼き鳥が典型だ。正肉には白（113ページ）がいい。レバーには赤（114ページ）が向いている。正肉でも、タレで焼けば、赤ワインと近くなる。クリームコロッケをそのまま食べるなら白ワイン（160ページ）だが、ウスターソースやとんカツソースをかければ、赤ワインとの接点が生まれる。

フランス料理でも、色合わせの原則は生きる。フランスのワイン生産者が来日すると、フレンチレストランで食事会を開くことが多い。魚料理がよく出る。赤ワイン生産者の場合は、赤ワインのソースで仕上げる。ちなみに、日本のフレンチの魚料理の水準は高い。東京・品川の三つ星「カンテサンス」の魚料理は、世界のフレンチの最高峰に位置する。岸田周三シェフの素材選びと火入れは、日本人にしかできない。皮目のたち具合と、身のふっくら感は比類がない。

もう一つのヒント。料理にどんな調味料を加えたいかを考えよう。

黒コショーをガリガリとかけたい肉料理は、間違いなく赤だ。鰻の蒲焼きは山椒（さんしょう）をまぶす。スパイシーで、赤に近い。ヒラメやカレイは、ポン酢をつけたり、ユズを搾りたい。酸味の欲しい料理は白向きだ。柚子胡椒（ゆずこしょう）のはえる鍋物も白。

これは出発点にすぎない。そこから自分の公式を見つけるのが楽しい。

シューマイ ✕

豚の脂がつなぐ中国とフランス

no.5

BRUMONT
Gros Manseng-Sauvignon
2012

ドメーヌ・アラン・ブリュモン ガスコーニュ・ブラン 2012

Domaine Alain Brumont Gascogne Blanc

希望小売価格	1500円
産地	フランス 南西地方
ブドウ品種	グロ・マンサン50%、ソーヴィニヨン・ブラン50%
評価	—
輸入元	三国ワイン　TEL 03－5542－3939

フランスワインを和の食材と結婚させる――その手掛かりがワイン産地の郷土料理にある。どんな食材が多用され、どんな調理手法があるか。ガスコーニュを産する南西地方は、ボルドーの南に位置する。バスク豚や、豚の血を混ぜたブーダン・ノワールというソーセージ、フォアグラ、鴨と白インゲン豆を煮込んだカスレが名物だ。パリのビストロでよく食べる。動物の脂をこってりと活用しているのがポイントだ。

そこから連想したのがシューマイ。これも豚肉のうまみと脂を生かしている。中国大陸で生まれた点心に、ヨーロッパの果てのワインが不思議と合った。グロ・マンサン種は桃の香り。ソーヴィニヨン・ブラン種は酸味があり、青草が匂う。とろりとした舌触りで豚の脂を包みこみ、華やかな香りで食欲を増進させる。まずはワインを一口、すぐに熱々のシューマイにかじりつく。ジュワッとにじむ肉のエキス。またワインをする。きりがない。ブリュモンは濃厚な赤ワインで、歴史ある産地を復活させた地元の英雄だが、白も見逃せない。

これもオススメ　ドメーヌ・デュ・タリケ、ドメーヌ・デ・カサニョール、ドメーヌ・デュ・マージュ

洋食屋のハンバーグ ✕

白飯にソースが染み込むように

no.6

ルイジ・エイナウディ
ドリアーニ 2011

Luigi Einaudi Dogliani

希望小売価格	2900円
産地	イタリア ピエモンテ州
ブドウ品種	ドルチェット100%
評価	10年が88点　WA／★　2グラス　GR
輸入元	三国ワイン　TEL 03－5542－3939

ハンバーグを嫌いな人に会ったことがない。最も普及している洋食だろう。変化形も多い。和風、テリヤキ、イタリア風……でも、基本はデミグラスソースだ。手間をかけて子牛からだしをとると、濃厚なソースのできあがりだが、今回はソースの中身には突っ込まない。普通に売っているのは、トロリとして、甘酸っぱい洋食屋のハンバーグだから。ご飯にかけ回しておいしい味付けになっている。

ジューシーなソースに合うのは、コクのあるフランスワインではない。例えば、フルーティーで、軽やかな北イタリアの赤ワイン。ドルチェット種は、えぐみが少なく、すっきりした酸が持ち味。甘すぎず、酸っぱすぎず。この造り手は醸造に樽を使わず、果実を自然に抽出している。白飯に染み込むように、ソースをさらりと受け止める。日常食にはこれがいい。ルイジ・エイナウディはイタリア共和国の第二代大統領。19世紀末にワイナリーを興し、今は孫娘が引き継いでいる。親しみやすい味わいが、洋食にふさわしい。

これもオススメ　エリオ・アルターレ、アルド・コンテルノ、ルチアーノ・サンドローネ

カリフォルニアロール ✕

アボカドにレモンを搾る感覚で

no.7

HAHN
CHARDONNAY

ハーン・ワイナリー
モントレー シャルドネ 2012

Hahn Winery Monterey Chardonnay

希望小売価格	2407円
産地	米国 カリフォルニア州モントレー郡
ブドウ品種	シャルドネ100%
評価	—
輸入元	ワイン・イン・スタイル Tel 03－5212－2271

初めて食べたのは30年以上前。何だ、これ？ 違和感を覚えたが、寿司とは別の食べ物と思うようになって許せた。今ではパリのスーパーにも売っている。具のアボカドはトロに似ている。ねっとりした食感と風味が。ワサビ醤油でつまみにするとよくわかる。カリフォルニアロールは鉄火巻きの変形と考えればいい。サンフランシスコに泊まると口が欲しがる。函館に旅したら、海鮮丼を食べたくなるように。

地の料理には地酒。カリフォルニアのシャルドネを合わせたい。ハーンは太陽の国にありがちなフルーツ爆弾ではない。ライムの香りの中に、ほのかにバター風味。森のバターとも言われるアボカドに、レモンを搾ってかける感覚だ。産地は涼しいサリナス・ヴァレー。太平洋を流れる寒流のせいで、夏でも20度を切るほど涼しい。かつてはレタスやホウレンソウを栽培していた。酸もしっかりある。カリフォルニアの白が豊満なビッグワインだったのは昔の話。JAL国際線のビジネスクラスでもサービスされるお値打ちだ。

これもオススメ J.ロアー、ロバート・タルボット、テスタロッサ

ビーフン ✕

ナンプラーに負けないシンデレラ

no.8

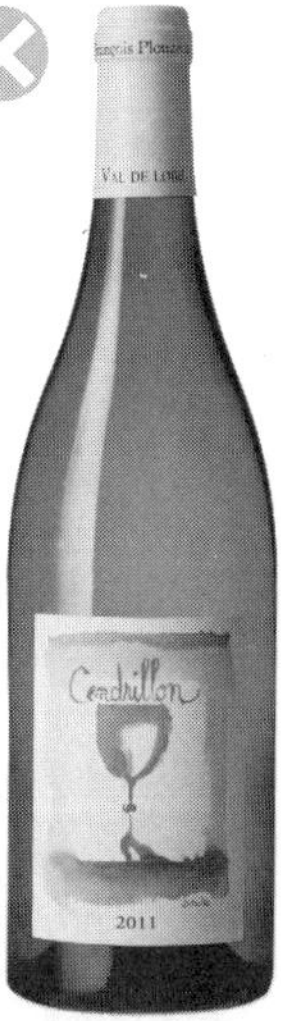
VAL DE LOIRE
Cendrillon
2011

ドメーヌ・ドゥ・ラ・ギャルリエール トゥーレーヌ サンドリオン 2011

Domaine de la Garreliere Touraine Cendrillon

希望小売価格	2800円
産地	フランス ロワール地方トゥーレーヌ
ブドウ品種	ソーヴィニヨン・ブラン80％、シャルドネ20％
評価	07年が88点　WA 08年が88点　IWC
輸入元	オルヴォー　TEL 03－5261－0243

東南アジアで広く食べられるビーフン。米が原料だから親しみがある。タイ、シンガポール、台湾、香港……国によってレシピは違うが、意外にカロリーが高い。チャーハンと同じで、肉や魚を具にして炒めるから。日本のスーパーでも定番の惣菜だが、脂っこいものが多い。しつこさを中和しつつ、味わいをふくらませるワインはないだろうか？　レモンをかけてさっぱりさせる一方で、調味料を加えて豊かさを広げるイメージだ。そこで選んだのがロワールの造り手。

１９９３年から有機農法の一種、ビオディナミを実践する。大半を占めるソーヴィニヨン・ブランは塩っぽいミネラル感。そこにシャルドネのリッチなコクが加わる。細身なのにグラマラスなモデルのようだ。白桃や白コショーの香りが、キクラゲや干しエビの風味に合う。ナンプラーをかけても、その強いうまみに負けないボディがある。サンドリオンとはシンデレラの意味。ギャルリエールが造るワインは、どれもラベルが洒落ている。中身も期待を裏切らない。

これもオススメ　アンリ・マリオネ、クルトワ、ドメーヌ・デ・コルビリエール

コラム

空の上のワインリストはお買い得満載

旅客機でサービスされるワインにはお買い得が多い。航空会社から輸入業者への品質と価格への要求が厳しいからだ。ワイン選びの目安になる。

「エコノミークラスは品質の安定感を重視。ビジネスクラスは、値下げの圧力が厳しくて、シャンパンの納価は2000円を切る。利ざやは小さいが、決まると数量が大きいのでとりにいきたい」。ある大手ワイン輸入業者は明かす。

欧州系航空会社の関係者によると、東京ーパリ間往復のビジネスとファーストクラスに積み込むシャンパンと白は各約30本、赤が約50本。年間ではかなりの量になる。空の上でサービスされるワインは、消費者の心理をくすぐる。特別なイメージがプレステージを生む。輸入業者や小売店も、だから宣伝に使っている。

航空業界のコスト削減は激しい。ANAもJALも、安くて高品質のワインを探している。コンペには多数の業者が参加する。ビジネスやファーストに採用されれば、ターゲットとなる裕福な客層に突きささる。「特別値引きの条件を出しても、全体で見れば元がとれる」という業者もいる。値引き分と引き換えに、機内誌に安く広告を出して埋め合わせることも可能だ。

ワイン選定はブラインド試飲で行う。国内キャリアの水準は高いが、世界一ではない。英国の「ビジネス・トラベラー」誌は「セラー・イン・ザ・スカイ・アワード」で、世界の航空会社のワインを審査している。2012年に、最良のワインを揃える「ベスト・オーバーオール・ワインセラー」に輝いたのは豪カンタス航空。2位はシンガポール航空、3位はカタール航空だった。これらの会社は、ワイン界最高資格のマスター・オブ・ワインが選んでいる。視野が広い。世界のワインを知っている。新世界の掘り出し物にも詳しい。ヨーロッパ偏重の日本はかなわない。

JALのファーストクラスでは、最高級サロン社のシャンパンがサービスされる。定価約4万円。免税で仕入れても納入価格は高い。一度は座ってみたいファーストだが、ふと疑問がわいた。トップ・エグゼクティブがシャンパンを飲むのか?

「軽く食事して、すぐ寝てしまう方が多く、睡眠を大切になさっている印象です」

大手航空会社の客室乗務員から聞いた。

そうだろう。地上でも飲めるのだから。空の上は貴重な安息空間だ。高価なシャンパンも、開けたら飲み残しは捨てる決まり。もったいない話だが。

ポップコーン ✕

弾けるバター風味と手を取り合って

no.9

エミリアーナ・ヴィンヤーズ
カサブランカ・ヴァレー
ノヴァス・シャルドネ 2012

Emiliana Vineyards Casablanca Valley Novas Chardonnay

NOVAS
CHARDONNAY
EMILIANA

希望小売価格	1700円　SC
産地	チリ カサブランカ･ヴァレー
ブドウ品種	シャルドネ100%
評価	10年が86点　WA 09年が88点　IWC
輸入元	ワイン・イン・スタイル TEL 03－5212－2271

最強の影響力を誇る評論家ロバート・パーカー。100点方式を広めた男の最大の功績は、ワインの世界を民主化したことだ。有名生産者も、新興生産者も区別せず、得点という物差しで測った。普通の言葉でワインを語るようになった。印象に残った言葉がある。白ワインの最高峰モンラッシェの香りを「弾（はじ）けるポップコーン」と表現したのだ。気取った英国の評論家たちなら、決して使わなかっただろう。

ポップコーンは映画館でつまむだけではない。ワインともいける。袋入りでも開けたては風味がいい。ガスレンジ台の火にかざして手作りするタイプは、バターの香りが弾ける。モンラッシェの香りはもっと複雑だが……重なる要素はある。エミリアーナはチリの有機栽培を先導するワイナリー。所有するギリサスティ家は有数の財閥。生態系を重視した自然なワインを生産する。樽使いが上品だ。フランス製樽を醸造に用いて、ふくよかさを出している。土壌からくる塩っぽいニュアンスが、ポップコーンの塩味とも調和する。

これもオススメ　ウンドラーガ、サンタ・カロリーナ、カルメン

ハンバーガー ✕

狼になりたい時はカリ・ピノ

no.10

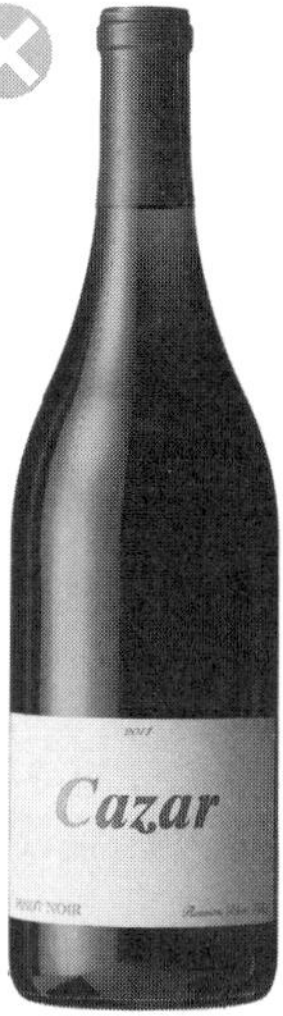
Cazar
PINOT NOIR

シャスール・ワインズ カザー ロシアン・リヴァー・ヴァレー ピノ・ノワール 2012

Chasseur Wines Cazar Russian River Valley Pinot Noir

希望小売価格	3500円
産地	米国 カリフォルニア州ソノマ郡
ブドウ品種	ピノ・ノワール100%
評価	―
輸入元	協和興材　TEL 03－3929－8581

アメリカの国民食ハンバーガー。旅すると一度は食べずにいられない。日本よりおいしいのは、素材のせいか、乾いた空気のせいか。ホテルの近くでテイクアウトする。7ドル以上する高いヤツを買うのが大切。東京なら1000円のグルメバーガーに相当する。走って持ち帰り、ワインの栓を抜く。重厚なボルドー品種より、フレッシュなピノ・ノワールがいい。水道水で冷やして、愛らしい果実味を際立たせる。

ハンバーガーは、トマトやピクルスを添えて、肉のしつこさを中和する。ピノ・ノワールの、ジューシーでフレッシュな味わいも同じ役割を果たす。カリフォルニアのピノは暑苦しいものも多いが、シャスールは別。ソノマの涼しい畑から、赤系ベリーの香るワインを造る。黒系でなく、赤系ベリー。濃厚すぎない。カザーはよくできたセカンドワインだ。バンズにしみこむ肉汁。ケチャップをつなぎに、野菜と肉とバンズが一体となる。快感。肉食の本能が全開となる。「狼になりたい」。中島みゆきの歌が口をついて出た。

これもオススメ　クライン、シュグ、リトライ

お好み焼き ✕

濃縮ソースと凝縮した果実味

no.11

RODNEY STRONG
SONOMA COUNTY
Cabernet Sauvignon
2010

ロドニー・ストロング・ヴィンヤーズ カベルネ・ソーヴィニヨン 2010

Rodney Strong Vineyards Cabernet Sauvignon

希望小売価格	3000円
産地	米国 カリフォルニア州ソノマ郡
ブドウ品種	カベルネ・ソーヴィニヨン100%
評価	—
輸入元	中川ワイン Tel 03－3631－7979

本物のソムリエは偏見がない。ポール・ロバーツは、マスター・ソムリエ。全米で最も予約困難なカリフォルニアの三つ星「フレンチ・ランドリー」やカルトワイン（Ｖページ）のボンドを経て、コルギン・セラーズの新社長に就任した。試飲能力は折り紙つき。陽気なポールが試飲中に言い出した。濃厚なカルトワインは、お好み焼きに合うと。大阪で食べて、気に入ったそうだ。ドロッとしたソースが、ワインの濃さやたくましさに相乗すると。世界の最高級ワインをサービスし、自らも造ってきた男の言葉は説得力がある。

ロドニー・ストロングは、ソノマ郡の涼しい畑からボルドータイプを産する。主張の強いカルトワインというより、分をわきまえたタイプだが、熟したタンニンとココアの香りに凝縮した果実味がある。お好み焼きの焦げたキャベツや、濃ゆいソースに調和する。ポールは「偉大なワインは簡素な料理に合う。ロマネ・コンティならチキンのロティがいい」と。ANA米国線のビジネスクラスにも搭載された。

これもオススメ　シミ、ボンテッラ、ナパ・セラーズ

スパゲティミートソース ×

肉汁ソースと濃厚果汁

no.12

VALPOLICELLA
Allegrini

アレグリーニ ヴァルポリチェッラ 2012

Allegrini Valpolicella

希望小売価格	2300円
産地	イタリア ヴェネト州
ブドウ品種	コルヴィーナ・ヴェロネーゼ65%、ロンディネッラ30%、モリナーラ5%
評価	88点　WA ／ 10年が88点　IWC ★★　11年が2グラス　GR
輸入元	エノテカ　TEL 03－3280－6258

イタリアのリストランテで、ミートソースと言っても通じない。ラグー・アッラ・ボロニェーゼ。この名でメニューを探さないと。意味はボローニャ風煮込み。肉とトマトを煮込んだ濃厚なソースを指す。パスタだけでなく、ラザニアのベースにもなる。パスタは、南部ナポリでトマトをベースに始まり、北部ボローニャで、濃厚な肉汁ソースに発展した。

ボローニャのすぐ北にあるヴェネト州。ヴェネツィアを州都に抱く土地から産する濃いヴァルポリチェッラが、ミートソースには合う。深みのあるチョコレートやナツメグと、スパイシーな黒コショーの香り。タンニンは太いが、舌触りはなめらかで丸い。たっぷりしたボディは、ミートソースの下半身の強さと張り合える。時間をかけて飲むほどに、香りが複雑に発展する。アレグリーニは400年以上も続く家族経営の生産者。ヴェネト州で最大の自社畑を所有する。万人受けするモダンな造りは米国で人気が高い。何を買っても裏切られない安定した実力の持ち主だ。

これもオススメ　クインタレッリ、ダル・フォルノ・ロマーノ、ラルコ

コラム

発見に満ちた新世界

グローバル化が進み、新世界と旧世界のワインの境界があいまいになっている。新世界はアルコール度が高く、果実味も樽香もたっぷり。繊細さに欠けるビッグワイン。旧世界はアルコール度は控えめで、抑制された味わい。上品さがある。極端に言うと、それが一般的なイメージだろう。

新世界とは北米と南米、オーストラリア、ニュージーランドなどが代表。旧世界とは、フランス、イタリア、スペインなどの伝統国だ。新世界が脚光を浴びたきっかけは、1976年にパリで開かれた試飲会（154ページ）。カリフォルニアの赤と白が、ボルドーやブルゴーニュの有名ワインに勝利した。その後も洗練の度を深めている。

ブルゴーニュの若い造り手たちは、カリフォルニアやオーストラリアで研修する。カフェとパン屋しかない村で、親から口伝で教わるより、海外に出たほうが視野が広がる。逆に、オーストラリアの造り手たちは、ブルゴーニュに学びに来る。技術や思想を持ち帰り、自国の風土にあてはめて工夫している。

カリフォルニアがどこも、太陽の国だと思ったら大間違い。北部ソノマの海沿いは、7月でも朝晩は15度を切るほど涼しい。Tシャツ1枚で風邪をひきそうになった。豪西オーストラリア州のマーガレット・リヴァーは、夏にあたる1月の平均気温が約20度。仏ブルゴーニュ・ディジョンの7月とほぼ同じ。そこから、ヴァス・フェリックス（127ページ）のような冷たい白ワインが生まれる。

ヨーロッパの生産者は、長年かけて、気候や土壌に合う品種を見つけ、適切な栽培・醸造法にたどり着いた。新世界はその歴史から学び、短期間で、冷涼な海沿いや標高の高い畑を探し出した。今も発展中だ。本書で紹介する新世界のワインは、ブラインドで試飲したら、ヨーロッパ産と間違えるようなものが多い。

私の教えるワインスクールの授業では、同じ品種で、冷涼な新世界と旧世界のワインをブラインドで比較する。ブルゴーニュ好きの生徒たちの人気を最も集めたピノ・ノワールが、ニュージーランド産だったりというケースはままある。マスター・オブ・ワイン（90ページ）でもない限り、その違いを見抜くのは難しい。

フランスが一番という思い込みは捨てよう。ワインに国境はない。新世界は驚きと発見に満ちている。最大の強みは価格。品質で比べたら間違いなく安い。

スパゲティナポリタン×

太陽の温もりと人懐っこさが握手

no.13

カンティーナ・デル・タブルノ アリアニコ・デル・タブルノ・フィデリス 2009

Cantina del Taburno Aglianico del Taburno Fidelis

参考上代	2300円
産地	イタリア カンパーニャ州
ブドウ品種	アリアニコ90%、サンジョヴェーゼ5%、メルロー5%
評価	90点 WA ／ 06年が89点 IWC 1グラス GR
輸入元	テラヴェール TEL 03－3568－2415

ナポリタンは昭和の味だ。戦後、欧米の食文化を模倣するなかで生まれた。本場のパスタが普及した現在も、人気は衰えない。日本人の魂のツボを刺激するからだろう。イタリアを代表するサンジョヴェーゼに合わせてみた。スパゲティに高価なオリーブオイルとチーズを加えて。木に竹をついだ違和感だった。ケチャップに、ざっかけない具、のびかけた太麺は、本場のパスタとは別物。気取らない洋食なのだ。

それなら、ナポリのあるカンパーニャ州のワインでは？シャレのつもりが正解。アリアニコは豊富なタンニンと酸を備える。甘苦系スパイスの風味が、ケチャップの甘酸っぱさを受け止めた。イタリア南部の太陽の温もりが、ニッポンの人懐っこい洋食と握手した。このカンティーナ（醸造所）は350人もの会員を抱えるイタリアで最大級の協同組合。協同組合には粗悪なところも多いが、ここは違う。北部の有名産地に遅れをとるカンパーニャ州を引っ張っている。同じアリアニコから造るブエ・アピスは産地のトップを行く。

これもオススメ　マストロベラルディーノ、フェウディ・ディ・サン・グレゴリオ、サルヴァトーレ・モレッティエーリ

ピザ×

地元白ワインとナポリで食べて死ね

no.14

FLORA
FALANGHINA
OCONE

オコネ タブルノ・ファランギーナ フローラ 2012

Ocone Taburno Falanghina Flora

参考上代	2000円
産地	イタリア カンパーニャ州
ブドウ品種	ファランギーナ100%
評価	88点　WA／11年が1グラス　GR
輸入元	ボンド商会　TEL 078－671－6002

ピザは最も普及したファストフードだ。中国、米国、オーストラリア、フランス……世界の街角でピザ屋に出くわす。起源はナポリ。ピッツァが米国に渡って、ピザになり、日本では餅のトッピングまで生まれた。各国で独自の進化を遂げたが、ナポリ風生地のモチモチ感、香り高いモッツァレッラとトマトソースが基本だ。簡素な組み合わせだから飽きない。旅行中、毎日のように、真のナポリピッツァ協会の店で食べた。2キロも太った……粉物効果恐るべし。

店で薦められたのがファランギーナ。注目の土着品種だ。ピュアな果実味とキラキラ輝くミネラル感。レモンドロップの香り。アーモンドのようなほろ苦さが後を引く。簡素で、滋味深い。グラスに注ぐたび、もっと飲みたくなる。日常食のピザにぴったりだ。暑い南イタリア産にもかかわらず、清涼感がある。標高の高い畑で産するからだ。日本で飲むたび、うまいもんだらけの陽気な街を思い出す。ナポリを見て死ね？　違う。私にはナポリで食べて死ね、だ。

これもオススメ　グイド・マルセッラ、ヴィラ・マチルデ、ファットリア・ラ・リヴォルタ

鶏の唐揚げ×

樽香なし　さわやかさ添える

no.15

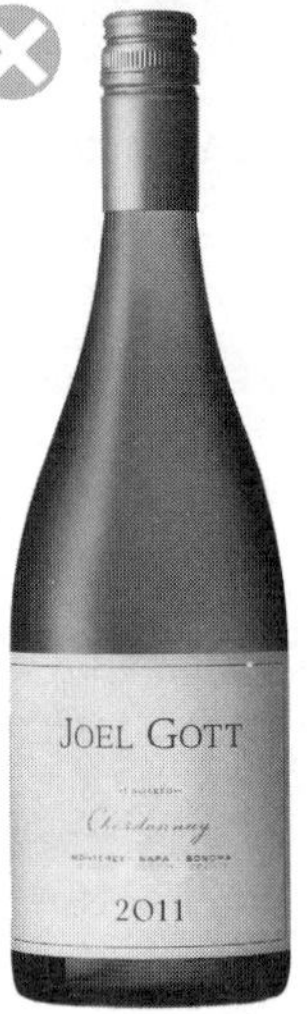

JOEL GOTT
Chardonnay
2011

ジョエル・ゴット
アンオークト・シャルドネ 2011

Joel Gott Unoaked Chardonnay

希望小売価格	2500円　SC
産地	米国 カリフォルニア州
ブドウ品種	シャルドネ100%
評価	—
輸入元	布袋ワインズ　TEL 03－5789－2728

最も身近な家禽（かきん）の鶏。民族も宗教も超えて食べられている。フライドチキン、乞食鶏、丸焼き……さまざまな料理があるなかで、唐揚げは傑作の一つだろう。塩、竜田……下味を変えれば、変化が出せる。白身肉なので白ワイン。ここは白ブドウの王様シャルドネを持ってきたい。どこでも造られているが、聖地ブルゴーニュは値段が高い。新世界は概して豊満で樽香が強いが、このカリフォルニアはちょっと違う。

ゴットのブドウは、涼しいモントレーやソノマ郡産。醸造は樽を使わず、ステンレスタンクで。トロピカルで、バニラの香りたっぷりという、カリフォルニアのイメージとは一線を画す。果実の純粋さを引き出している。ライムやグレープフルーツの涼しげな香り。唐揚げの油を切って、さわやかさを添えてくれる。アルコール度は13・5%。体力の乏しい日本人にちょうどよい。うれしいスクリューキャップ。1杯飲んで残しても問題がない。2週間にわたって飲み続けたが、へこたれる様子もなかった。芯もしっかりある。

これもオススメ　セインツベリー、キュベ、オー・ボン・クリマ

とんカツ ✕

レモン搾る豚料理にはアルザスを

no.16

マルク・クライデンヴァイス クリット・ピノ・ブラン 2011

Marc Kreydenweiss Kritt Pinot Blanc

希望小売価格	2900円
産地	フランス アルザス地方
ブドウ品種	ピノ・ブラン、オーセロワ
評価	09年が88点　WA ★★　10年が15点　MVF
輸入元	中島董商店　TEL 03－3405－4222

白ワインか、赤ワインか。迷った時は、料理の色に合わせればいい。合わせの原則がもう一つ。レモンをかける料理は白に向いている。レモンを搾るのは、さわやかな香りとさっぱりした味わいが欲しいから。となると、とんカツにはシャルドネではない。瞬時に、アルザスを思いついた。アルザスはフランス一の豚肉の産地。パリのブラッセリーの経営者は、アルザス出身者が多い。豚肉料理や、ソーセージとキャベツを煮込んだシュークルートを定番として供する。

クライデンヴァイスはビオディナミの造り手。外れがない。これはピノ・ブランとオーセロワのブレンド。高貴なリースリングより格下だが、50年以上の古木が複雑性を生んでいる。オレンジの皮や熟れた洋ナシの香り。上品でバランスがいい。とんカツにはソースでなく、自然塩をまぶして、マスタードをつけよう。肉のうまみを甘苦さと甘酸っぱさが引き立て、キリッとしたワインがすべてをまとめあげる。ほのかに甘い後味が、寿司のガリのように後を引く。ご飯はいらない。

これもオススメ　マルセル・ダイス、オステルタッグ、アルベール・ボクスレー

コラム

グリーンワインはどんな色?

グリーンワインが、米国で注目されている。ホワイトでも、レッドでも、ロゼでもない。環境に配慮したワインをさす。「グリーンワイン」という項目を設けたワインリストも、カリフォルニアのレストランに登場している。

環境に優しいというと、ビオロジックやビオディナミなどの有機農法で栽培したワインが思い浮かぶ。ビオロジックは除草剤、殺虫剤、化学肥料などを使わず、土壌を活性化させる。ビオディナミは、それをさらに推し進め、天体の動きを考慮した暦に基づいて、栽培や醸造の手順を決める。本書のワイン生産者の多くも、有機農法を導入している。10年前なら売り文句に使えたが、今では当たり前になった。

環境への配慮は、畑仕事に限らない。地球温暖化をどう防ぐのか。瓶を軽くするのも一つの方法だ。製造時や運搬時の温暖化ガス排出量を減らせる。英国のスーパーでは、テトラパックやペットボトルの導入が盛んだ。シャンパーニュ委員会は2010年、65グラム軽量化した835グラムの新規格瓶を発表した。瓶内が6気圧に達するシャンパンは、頑丈でないと困るから、慎重に実験を重ねた。これにより、2020年に二酸化炭素排出量を25％減らす計画だ。

一方で、ブルゴーニュの有名ドメーヌの瓶は重く、太くなる傾向にある。高級に見えるからだろう。1本が1・7キロを超すワインもある。ビオディナミを導入していても、それでは、地球に優しくない。個人主義の強いフランスならではだ。米国の生産者たちは、問題意識が高い。国民性の違いだろう。

カリフォルニアの生産者団体などが主導して、サステイナブル・ワイングローイング（環境保全型ワイン生産）の計画を、2002年に策定。第三者機関がワイナリーやブドウ畑に対する認証を行っている。サステイナブルとは「持続可能」の意味。栽培だけではない。大気や水の保全、生態系の維持、地域経済への貢献など幅広い問題をカバー。ワイナリーを訪れると、太陽光発電や醸造に使う水の再利用、メタノール燃料のトラクターなど、あらゆる面で環境に配慮していることがわかる。

スパークリングのロデレール・エステート（カリフォルニア州）は、ヒスパニック系従業員を雇い、敷地内に住宅を与えていた。「コミュニティの維持に重要だから」という考えだ。意識の根底には、畑を健全な状態で、次世代に引き継ぎたいとの思いがある。造り手は一時的に、畑を地球から借りているにすぎないのだから。

オムライス×

バルのタパス発展系にリオハを

no.17

PHaros
RIOJA

ボデガ・クラシカ ファロス・レセルバ 2006

Bodega Classica Pharos Reserva

希望小売価格	2500円
産地	スペイン ラ・リオハ州
ブドウ品種	テンプラニーリョ、グラシアーノ
評価	05年が92点　WA
輸入元	ワイナリー和泉屋　TEL 03－3963－3217

東京で人気上昇中のスペインバル。ラ・リオハの州都ログローニョにその聖地がある。街の一角にある通りはバルだらけ。博多の屋台街を思い出した。タパス（つまみ）数皿に、安ワインをガブガブ飲んで1000円もしない。生ハム、タラ、イカフライ……この本のためにあるような皿ばかり。作り置きのオムレツがどこでも並んでいた。具はポテトとホウレンソウが基本。素朴だが、地酒のリオハに合った。

オムライスを眺めて思いついた。リオハが合うのではと。スペイン料理はトマトも多用する。勘が当たった。テンプラニーリョは国の誇る赤ワイン品種。熟した甘やかさがある一方で、酸もしっかりある。オムライスの甘酸っぱさとぴったり。スペインは世界の注目を集める。フランコ総統時代に、ワイン産業は衰退したが、今は美食も、ワインも、サッカーも、世界のトップを行く。日本でスペイン料理が人気なのは、食の嗜好が似ているからだろう。海の幸を好み、米を食べる。ファロスはこの値段が信じられない品質だ。

これもオススメ　アルタディ、パラシオス・レモンド、ローダ

メンチカツサンド ✕

甘いソースに黒コショーの香りを

Château
Puech-Haut
Saint-Drézéry
Prestige
2010

シャトー・プッシュ・オー コトー・デュ・ラングドック キュヴェ・プレスティージュ 赤 2010 *no.18*

Chateau Puech-Haut Coteaux du Languedoc Cuvee Prestige Rouge

希望小売価格	3000円
産地	フランス ラングドック地方
ブドウ品種	グルナッシュ 55%、シラー 35%、カリニャン10%
評価	09年が93点　WA
輸入元	ジェロボーム　TEL 03－5786－3280

ヒレカツとメンチカツ。両方のサンドが並んでいたら、ほぼメンチカツサンドを買う。色からして、ヒレカツは白ワイン向きだが、メンチカツは赤ワイン向き。スーパーの普通の惣菜で赤に合うものは少ないから貴重だ。メンチカツサンドのうまさは、甘いソースとエキスしたたる肉の組み合わせ。ハンバーガーと似ているようで、脂が強い。スパイシーで、ボリューム豊かなワインでないと、負けてしまう。

南仏ラングドックはお買い得の宝庫。安ワインの大量生産から、高級路線へ転換している。そもそもポテンシャルは高い。プッシュ・オーは注目株だ。グルナッシュの柔らかさ、香り高さと、シラーの切れ味がうまく調和している。アルコール度は14%を超すが、重くはない。しなやかなタンニンとミルキーな口当たり。いくらでも飲める。黒コショーやナツメグの香りが、甘いソースとジュワッとあふれる肉汁を引き立てる。グラスが進む。1週間かけると頂点に達するが、その前に飲みきってしまった。

これもオススメ　マス・カルロ、マ・フラキエ、ドメーヌ・デ・ロルチュ

ビーフステーキ✕

焼きっぱなしの牛肉にボルドー

no.19

Frank Phélan
2006
Saint-Estèphe

フランク・フェラン 2006

Frank Phelan

参考上代	3320円
産地	フランス ボルドー地方サンテステフ
ブドウ品種	カベルネ・ソーヴィニヨン60%、メルロ35%、カベルネ・フラン5%
評価	★ MVF
輸入元	ファインズ TEL 03－5745－2190

ボルドーはおいしいレストランが少ない。シャトーにお抱え料理人がいて、ケータリングも発達しているからだろう。気の利いたビストロの多いブルゴーニュと対照的だ。メドック地区のトップシャトーのパーティーの規模は大きい。数百人が集まり、花火も上がる。フランスの立食パーティー料理と言えば、肉のロティが王道。子羊、牛、鴨……焼きっぱなしの肉にソースを添えて、ボルドーの赤ワインと合わせる。いくらでも飲める、食べられる。

フランク・フェランは、メドック北部のシャトー・フェラン・セギュールのセカンドワイン。格付けされていないが、素性はいい。映画『ハンニバル』の最後、レクター博士が飛行機で飲んだのがフェラン・セギュール。食通の好む隠し玉なのだ。所有者は二つ星レストランをパリとランスに持つティエリー・ガルディニエ。1985年にシャトーを買収し、巨額の投資で品質を上げた。何度か食事したが、精力的な実業家だった。ワインの品質を支えるのは経営者の情熱だ。

これもオススメ ド・ペズ、メイネイ、オー・マルビュゼ

オレンジタルト ✕

ナイトキャップにたしなんで熟睡

no.20

ポール・ジャブレ・エネ ミュスカ・ド・ボーム・ド・ヴニーズ ル・シャン・デ・グリオール 2011

Paul Jaboulet Aine Muscat de Beaumes de Venise Le Chant des Griolles

PJA
PAUL JABOULET AÎNÉ
2010
MUSCAT DE BEAUMES-DE-VENISE
Le Chant des Griolles
PAUL JABOULET AÎNÉ
TAIN L'HERMITAGE · FRANCE

希望小売価格	2900円　375mℓ
産地	フランス ローヌ地方南部
ブドウ品種	ミュスカ・ア・プティ・グラン100%
評価	★　MVF
輸入元	三国ワイン　TEL 03－5542－3939

フランス人はデザートに命を懸けている。シャンパーニュの生産者団体幹部とランチした時のこと。次の約束まで40分しかなかった。急かしたら、さすがは一つ星レストラン。30分で前菜と主菜を食べ終えた。楽勝だね、デザート抜いて、コーヒーだ。と思ったら、相手の男性はじっくりとデザートを選び、平らげた。結局は10分の遅刻。料理に砂糖を使わないせいか、デザートのない食事はありえないようだ。

デザートを省略したがる私は甘いものが苦手だが、年に一度くらいはデザートワインを飲む。南仏で造られるこれは酒精強化ワイン。発酵中にブランデーを添加して、発酵を止める。糖分はそのまま残り、アルコール度は15・5％に達する。ポートやシェリーも同じ手法で造られる。アプリコットのジャムの香り。オレンジタルトと相性がいい。そのまま飲んでもおいしい。普通なら、1杯で十分。寝る前に甘口を飲むと、幸せな気分になって熟睡できる。辛口は逆に目が覚める。酸化しにくく、冷蔵庫で2カ月は寝かせられる。

これもオススメ　ヴィダル・フルーリー、ドメーヌ・デ・ベルナルダン、M.シャプティエ

コラム

ワインを小技に生かした映画から学ぼう

映画はワインのプロモーションにうってつけだ。F1やサッカーのワールドカップのように、視聴する人口が世界に広がっているから。

頻繁に小道具に使われてきたのはシャンパン。歴史と物語を秘めている。というより、ブランドマーケティングがうまい。有名なメゾンは、ナポレオンからセレブまで引き合いに出して、華麗なイメージづくりに利用してきた。

最大の成功例は007だろう。初期はドン・ペリニヨン、テタンジェのコント・ド・シャンパーニュも登場したが、近年はボランジェ一本やり。メゾンを訪問すると、007のシャンパン場面ばかり集めたDVDをくれる。貴重な資料だが、ボランジェ以外の銘柄はボトルがわからないつくりになっている。

私が最も好きなのは1963年の『ロシアより愛をこめて』の一場面。オリエント急行の食堂で、ジェームズ・ボンドがコント・ド・シャンパーニュを注文する。料理は舌平目。同僚を装ったソ連の暗殺者はキアンティを頼む。妙な取り合わせだ。

ボンドは後で襲われる段になって、見抜けなかったうかつさを後悔する。東側のスパイは有名なキアンティしか知らなかったのを伏線にしている。

ワインがトリックに使われた94年の『ディスクロージャー』。デミ・ムーア扮する上司が、マイケル・ダグラスを誘惑する。貴重なパルメイヤーのシャルドネ91年を準備して。セクハラで訴えられたダグラスは、ワインの希少性を訴えて反撃する。ワイナリーの幹部から秘話を聞いた。当主ジェイソン・パルメイヤーは、ハリウッドの有名レストラン「スパゴ」で、客全員に「すごいレアワイン」と、シャルドネをおごったそうだ。居合わせたプロデューサーが、映画での採用を思いついたとか。パルメイヤーは、スポーツカーのコルベットに乗る豪快な男だ。

ウィットが利いていたのは01年の『ハンニバル』(56ページ)。貴族趣味のレクター博士は、米国の高級デリ「ディーン&デルーカ」のランチボックスを機内に持ち込む。お供はフェラン・セギュール96のハーフ。エコノミークラスの逃避行でも、美食は忘れない。原作小説では、パリのフォションのランチボックスだった。米国市場を意識したのだろう。トスカーナのカフェで、キアンティ・クラッシコ「イル・グリージョ」をすすり、晩餐でトリンバックのリースリング・クロ・サンテューヌを飲んだ。ワインの個性を小技に生かしている映画から学べることは多い。

第2章

春のおつまみワイン

ちらし寿司✕

あでやかさと地中海の太陽

no.21

ロジャーグラート
カバ ブリュット ロゼ 2010

Roger Goulart Cava Brut Rose

希望小売価格	2300円
産地	スペイン カタルーニャ州ペネデス
ブドウ品種	ガルナッチャ60%、モナストレル35%、ピノ・ノワール5%
評価	07年が89点　WA／06年が86点　PG
輸入元	三国ワイン　TEL 03－5542－3939

ひな祭りはピンクのワインが合う。桃の節句というくらいだ。ちらし寿司は華やかで、あでやか。赤、黄、桃、緑……カラフルな色彩に、可愛らしいロゼの泡を合わせてみたい。これもスペインのカバ。冷たい感触のシャンパンと違って、ふっくらした温かみがある。産地はバルセロナの近く。地中海を照らす太陽に恵まれているせいだろう。スイカのように赤みが強い。切れ味には欠けるが、穏やかで丸い。海老おぼろの上品な甘さに、ひたひたと寄り添ってくれる。

ロジャーグラートを実は、長く敬遠していた。芸能人のバラエティ番組で、有名なシャンパンに勝った物語が喧伝（けんでん）されていたから。この手の逸話で売るワインにろくなものはない……と思っていたら、それは輸入元ではなく、ショップが大昔の話を売り文句にしていたとわかった。無心で向き合うと、よくまとまっている。シリアスというよりは、享楽的なスパークラー。サクランボではなく、アメリカンチェリーの太い甘さがある。料理を受け止める懐も深い。

これもオススメ　アルベット・イ・ノヤ、カスティロ・ペレラーダ、ナヴァラン

いなり寿司×

ショウガときらめく黄金色の調和

no.22

CAVA

春

パゴ・デ・タルシス
カバ ブリュット・ナチュレ

Pago de Tharsys Cava Brut Nature

希望小売価格	3800円
産地	スペイン バレンシア州
ブドウ品種	マカベオ80% シャルドネ20%
評価	87点　PG
輸入元	ワイナリー和泉屋　TEL 03－3963－3217

花見ほど、世代を超えて盛り上がれるイベントはないだろう。列島がピンクに染まる季節。桜の下で飲まないと、春が来た気がしない。おつまみは無限だが、いなり寿司は定番の一つ。シャンパンによく合う。フランス人がシャンパンを表現する時に使うパンデピスの香りがする。それは香辛料入りのパンで、ショウガ、シナモン、オレンジの皮、ハチミツなどを混ぜて焼く。甘辛い油揚げとユズ風味の酢飯に、甘酸っぱいショウガの取り合わせと微妙に重なり合う。

ただ、シャンパンは高い。またもカバで代用。当主ビセンテ・ガルシアは、シャンパンに負けないカバを目指す。糖分を添加しない辛口だが、ブドウが熟しているので丸く感じる。柔らかく、スムーズな泡。はんなりしたいなり寿司を優しく包みこむ。黄金色の液体が、油揚げの色合いと調和するように輝く。田舎の法事に、その昔、カバとシャンパンのマグナム瓶を持ち込んだ。先に売り切れたのはカバ。日本人は酸の強い飲み物は苦手らしい。大勢の宴には、カバが受ける。

これもオススメ　ジュヴェ・カンプス、リョパール、アグスティ・トレジョ・マタ

天むす ✕

コッポラ監督から娘への結婚祝い

no.23

フランシス・フォード・コッポラ・ワイナリー ソフィア ロゼ モントレー・カウンティ 2012

Francis Ford Coppola Winery Sofia Rose Monterey County

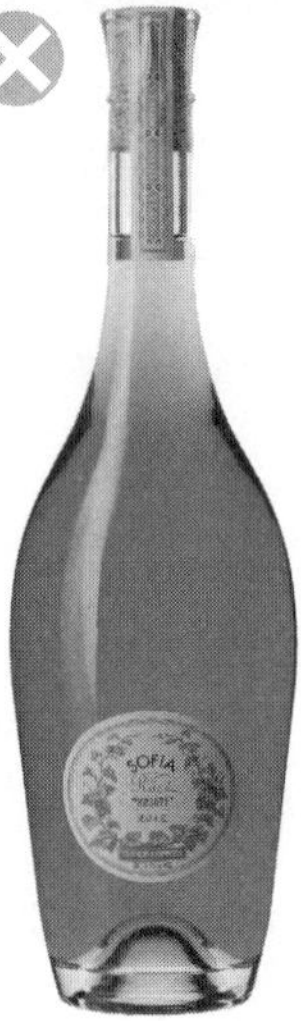
SOFIA

希望小売価格	3280円
産地	米国 カリフォルニア州モントレー郡
ブドウ品種	シラー55%、ピノ・ノワール35%、グルナッシュ10%
評価	—
輸入元	ワイン・イン・スタイル TEL 03－5212－2271

私の最も好きな映画『ゴッドファーザー』。監督のフランシス・フォード・コッポラは、ワイン界でも成功を収めた。ナパ・ヴァレー住まい。イングルヌックという歴史的なワイナリーを再興し、カリフォルニア全域から、多彩なワインを生産する。イタリア系移民。「ワインを密造していた祖父の影響」と笑う。ワイン造りは家族で継承される。娘や息子の名前をワインにつける生産者は多い。コッポラもその一人。監督として活躍する娘の結婚祝いに、ソフィアを贈った。

涼しいモントレーでローヌ品種から醸した。鮮やかな深紅色。イチゴジュースのようにフレッシュ。紅茶やレッド・ペッパーのスパイシーな香りも。アルコール度が12・5%と低いのがいい。辛口だが、余韻に甘みが残る。ほんのり辛い天むすと相性がいい。桜の木の下で飲んだら最高だ。グラスの向こうにピンクの花びらを見ながら。74歳のコッポラは今も「本当に偉大な映画を撮りたい」と精力的。何たる創作意欲。汲めども尽きぬ情熱をワインにも注いでいる。

これもオススメ　ルリ、ルチア・ルーシー、クライン・ムールヴェードル・ロゼ

サラミ×

トスカーナの誇るサンジョヴェーゼと

no.24

FONTODI
Chianti Classico

春

フォントディ キアンティ・クラッシコ 2009

Fontodi Chianti Classico

希望小売価格	3500円
産地	イタリア トスカーナ州
ブドウ品種	サンジョヴェーゼ100%
評価	92点 WA／★★ 1グラス GR
輸入元	ミレジム TEL 03－3233－3801

花見に乾き物は欠かせない。赤ワインなら、海産物より肉系がいい。イタリアのサラミなら文句なし。私の最も好きな街フィレンツェには、サラミを売っているワインショップが多い。日本の酒屋がさきイカを常備するように。サラミはトスカーナの誇るサンジョヴェーゼ種に欠かせない相棒だ。パーティーはサラミをつまみながら、人の集まりを待つところから始まる。イノシシのサラミもおいしい。キアンティの山中で、ブドウを食べて育つから、相性は抜群なのだ。

フォントディはキアンティ・クラッシコを代表するトスカーナ「3F」の一角。残る二つはフォンテルートリとフォンタローロ。当主のジョヴァンニ・マネッティは「サンジョヴェーゼはトスカーナ人の誇り。カベルネ・ソーヴィニヨンやメルローと違って、この土地でしか成功しない」と語る。実際、イタリア以外ではうまく育たない。ザクロやカカオの香り。高い酸と凝縮した果実。肉が食べたくてたまらなくなる。簡素な肉料理なら何でも受け止める、奥行きの深いワインだ。

これも オススメ　イゾレ・エ・オレーナ、サン・ジュスト・ア・レンテンナーノ、モンテヴェルティーネ

コラム

おうち飲みはくつろげるグラスで

ワインの味はグラスで変わる。極端な例を説明しよう。

ブルゴーニュのネゴシアン（ワイン商）「ルモワスネ」のシュヴァリエ・モンラッシェ89年をビストロに持ち込んだ。ミカンも入らないような小さなグラスしかない。しまった……マイグラスを忘れた。香りの広がりをそがれたワインに申し訳なかった。グラスに鼻を突っ込むだけで、10秒は楽しめるワインだっただけに。

リーデルのソムリエ・シリーズのグラス、ブルゴーニュ・グランクリュ。金魚鉢のようなグラスに、シャンベルタンを注ぐと、香味が数倍にもふくらむ。機能性が評価されて、ニューヨーク近代美術館の永久展示品になっている。

ボウルの部分が大きいほうが香りをためられる。ワインのタイプによって適した形状は違うが、普通はグラスを揃える余裕も、置き場所もない。1種類で広く対応できるグラスがあると助かる。最近のオススメは、フランスの「シェフ&ソムリエ」ブランド。2013年3月に東京で開かれた世界最優秀ソムリエコンクールの

シェフ＆ソムリエ
プロ・テイスティング32
1400円＋税
アルク・インターナショナル・ジャパン
TEL. 03－5725－4420

公式グラスとして使われた。

シェフやソムリエと共同で開発された。食器洗浄機で洗える。輝きや透明度を保つクォークスという素材でつくられている。鉛は含まれていない。水垢（みずあか）やタンニンのくすみもつきにくい。丈夫でもある。テーブルから50センチ下の木の床に落としたが無事だった。本当の話だ。

リーデルやロブマイヤーもいいが、高級ワインが買えるくらい高い。とっておきのワインにしか使わない。グラスに負けてしまうから。セミの羽のように薄く、扱いも気を使う。シェフ&ソムリエは一般的な国際規格のグラスより、ボウルが広く、上下の余裕がある。白も赤もこなせる。私は食前酒のシャンパンと白ワインをこれでこなして、赤を開ける時に大きめのグラスを出す。おうち飲みなのだから、気を使わないのが一番。特別なワインは別として、くつろぐのが目的なのだから。

トップソムリエたちは、最適なグラスでサービスすることでお金をとっているが、おうち飲みでは自然体だ。

「ブルゴーニュはいろいろと考えさせられるので疲れる。うちでは飲まない」

コンクール優勝経験のあるソムリエから聞いた。気持ちはわかる。記念日でもない限り、リラックスした状態で楽しめるのが一番だ。

桜餅✕

バラの花びらに包まれる心地よさ

no.25

Moscato
ROSA

グラント・バージ モスカート・ローザ 2012

Grant Burge Moscato Rosa

希望小売価格	2200円　SC
産地	オーストラリア 南オーストラリア州
ブドウ品種	マスカット・ゴールド・ブランコ60%、ホワイト・フロンティニャック30%、リースリング９%、シラーズ１%
評価	★★★★★　AWC
輸入元	エノテカ　TEL 03－3280－6258

お菓子にも四季がある。眺めているだけで心和む桜餅。お茶と一緒に食べるのが一番だが、桜の季節は冒険してみたい。色合わせの原則に従えばワインはピンク。強すぎると微妙さを壊す。微発泡（フリッツァンテ）のモスカートがちょうどいい。ほんのり甘い。もぎたてのイチゴやバラの花びらの香り。口中でプチプチと弾ける泡が心地よい。自然で優しい。これを飲んで、ワインを嫌いになる女子がいるだろうか。モスカート人気は米国でも急上昇している。軽快で、アルコール度の低いワインへのシフトは世界的な傾向でもある。

グラント・バージは、企業の合併・統合の進むオーストラリアで家族経営を貫いている。シラーズやシャルドネが高評価を受ける。日本発売のお披露目には、駐日オーストラリア大使も列席した名門。ピンク色を愛でながら、花見を締めくくるもよし、口あけの乾杯にもよし。アルコール度が８%と低いから、楽しみ方はさまざま。愛好家はピンクの泡をバカにしがちだが、深く考えずに楽しめるのはワインの原点だ。

これもオススメ　イノセント・バイスタンダー、マッドフィッシュ、スプリング・シード

タラの芽天ぷら ✕

口の中を新緑の風が吹き抜ける

no.26

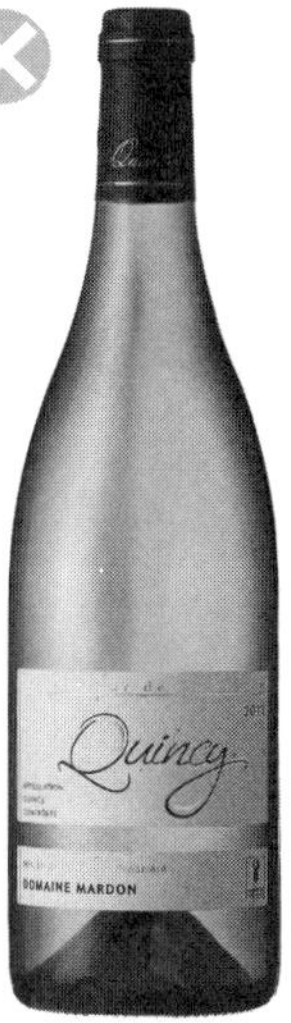
Quincy
DOMAINE MARDON

ドメーヌ・マルドン
カンシー 2011

Domaine Mardon Quincy

希望小売価格	2500円
産地	フランス ロワール地方
ブドウ品種	ソーヴィニヨン・ブラン100%
評価	—
輸入元	ラック・コーポレーション Tel 03－3586－7501

ワイン仲間とよく山菜採りに出かける。栃木の奥鬼怒で、急斜面を四つん這いになって登る。タラノキは日当たりのいい場所に、すくっと伸びている。河原ですぐに揚げる。火傷（やけど）しそうなうちに、塩を振って口にほうりこむ。ほろ苦さと青くささ。よく育った芽には、ほのかな甘みがある。ほっこりした口当たり。山菜の王様という呼び名にふさわしい。

合わせるワインは、ロワールのソーヴィニヨン・ブラン。マルドンには青草やライムのさわやかな香りがある。舌の上で転がすと、レモンキャンディの甘みがにじみ出す。天ぷらの油を流すだけではない。タラの芽の余韻のほろ苦さと、複雑な香味にぴったりとはまる。森の中で食べるとなおさら。アルコール度はしっかりと13%も。熟している。カンシーは、若者がパリに働きに出て、ワイン造りがすたれた産地だが、近年は盛り返している。有名なサンセール（167ページ）ほど高くない。掘り出し物が見つかる。口の中を新緑の風が吹き抜け、飲むたびに春の風景が目の前に広がる。

これもオススメ クロード・ラフォン、フィリップ・ジルベール、ラ・トゥール・サン・マルタン

タケノコ煮物✖

ほろ苦さが山の幸に

no.27

MATTEOCORREGGIA
2011
ROERO ARNEIS

マッテオ・コレッジァ ロエロ・アルネイス 2011

Matteo Correggia Roero Arneis

参考上代	2800円
産地	イタリア ピエモンテ州
ブドウ品種	ロエロ・アルネイス100%
評価	90点　WA／★　2グラス　GR
輸入元	テラヴェール　TEL 03－3568－2415

春はタケノコ。東京・新橋の和食の名店「京味」で、忘れられない経験をした。京都・丹波の朝掘りを夕方にいただいた。主人の西健一郎さんによると、1年間のうち10日間ほどはヌカを使わずに茹でられる時期があるとか。幸運にも、その時期にあたった。湿った土の香り、歯ごたえ、上品なだし。日本人に生まれてよかった。甘みすら感じたが、これは例外的な幸運だった。一般的なタケノコの魅力はほろ苦さとしみじみとした滋味。日本人の魂をつかんで離さない。

ほろ苦さを基準に選んだのが、イタリア北部の早飲みのデイリーワイン。石灰とマグネシウムの豊富な土壌で育つ。フランスの水道水を飲んだような硬さがある。ミントやグレープフルーツの皮の香り。ふくらみがあり、きれいな余韻の中にほろ苦さがにじむ。マッテオ・コレッジァは、マッテオ亡き後を夫人と息子が継いで頑張っている。赤のバローロも優れている。丘陵地でとれるワインには、山の幸が合う。現地ではアーティチョークと合わせるそうだ。山菜にもよく合う。

これもオススメ　ブルーノ・ジャコーザ、モンキエロ・カルボーネ、ヴィエッティ

ふきのとう ×

味噌や醤油に合う和の味

no.28

勝沼醸造 アルガブランカ・クラレーザ 2012

Arugabranca Clareza

春

希望小売価格	1680円
産地	山梨県甲州市
ブドウ品種	甲州100%
評価	―
生産者	勝沼醸造　TEL 0553－44－0069

国産ワインはあまり飲まない。コストパフォーマンスがいまひとつだから。今のままでは、欧米に輸出しても同じ土俵で戦えない。本書の2000円前後の輸入ワインと飲み比べればわかる。輸入のコストが加わっていても、パフォーマンスは高い。ただ、着実に進歩はしている。アルガブランカは、私がリピートする甲州ワイン。社長の有賀雄二さんの情熱を、醸造責任者の平山繁之さんの技術が支えている。

初めて飲んだのはJAL欧州線で。高いフランスワインより、はるかに和食に合った。酸もアルコール度も控えめ。つましいたたずまいのなかにバランスのよさがある。キンカンの香り、余韻に軽やかなほろ苦さが残る。裏ラベルには味噌や醤油に合うと。ウソではない。ふきのとうがすぐさま思い浮かんだ。味噌で和えたものでも、醤油で炒めたものでも、素晴らしいハーモニーを奏でる。荘厳なオペラではなく、懐かしき唱歌のように。1週間飲み続けても衰えない。世界的な和食ブーム。日本代表として、本場で勝負できる。

これもオススメ　Shizenキュヴェ・ドゥニ・デュブルデュー、シャトー・メルシャン、グレイスワイン

コラム

産地の場所を想像しながらワイン選びを

ワインと料理は、産地で合わせる手もある。
山中で産するワインには山の幸が合う。海の近くでとれるワインには海の幸が合う。産地の場所が思い浮かぶのが前提なので、少し敷居が高いが……グーグルマップなどで検索して、想像してほしい。

ピエモンテはアルプスの麓の内陸部。肉料理が主体だ。馬（153ページ）や、牛や子牛の料理を食す。飲むのはバローロやバルベラなどの赤ワイン。この地はロエロ・アルネイス（70ページ）などの白ワインも産するが、それには野菜や軽めのパテ、パスタを合わせる。ワインと料理は産地で一体になって発展してきた。相性の方程式は、後づけにすぎない。

考えれば当たり前の話。日本酒が和食に合うのと同じ。難しく考えることはない。

イタリア・トスカーナ州の丘陵地に本拠を構えるカステッロ・ディ・アマ。標高500メートルのワイナリーで供された昼食は、野ウサギの煮込みだった。畑を走り回る動物を、オリーブオイルで炒めて、トマトで煮込む。土地の産物の結晶が、アマのキアンティ・クラッシコに合わないわけがない。

海のワインも同じこと。フランス・ロワール地方のペイ・ナンテ地区。ミュスカデ（75ページ）はロワール川の淡水と海水の混じる河口近くで産する。海の幸の盛り合わせに合っても不思議ではない。ワインに塩っぽさがあり、香味が響きあう。

日本酒でも同じ体験をした。比較試飲したら、広島のカキは地元の日本酒に合った。雨水は山林を通って海に流れ込む。恵まれた山林がカキを育む。生態系の循環の連鎖にある米からできる日本酒が調和するのは自然な流れだ。

例外もある。フランスのブルゴーニュや米国のオレゴンは、内陸部だが、大規模な地殻変動の上に成り立っている。かつては海の底にあった土壌が堆積（たいせき）している。内陸部で産するワインでも海のものに合う。カキの貝殻混じりの畑から生まれるシャブリは、干物（77ページ）や生ガキ（170ページ）と合う。オレゴンの丘陵から産するピノ・ノワールやシャルドネにも、独特のミネラル感が宿っている。

産地の特色に、色合わせの原則を掛け合わせれば、料理との相性がおぼろげながらに見えてくる。

アスパラガス ✕

コクとうまみが大地の滋養と調和

no.29

GRAND BATEAU
2011

バリエール・フレール
グラン・バトー
ボルドー・ブラン 2011

Barriere Freres Grand Bateau Bordeaux Blanc

参考上代	1850円
産地	フランス ボルドー地方
ブドウ品種	ソーヴィニヨン・ブラン75%、セミヨン25%
評価	—
輸入元	ファインズ　TEL 03－5745－2190

フランス人はアスパラガスにこだわる。日本人のタケノコに負けないくらいに。白アスパラガスを食べないと、春が来ないようだ。私もいつしか好物になった。築地の場外市場に出かけて、太いのを探す。茹でたてに塩とバターをまぶすのが私の好み。おいしい素材は簡素な調理が一番だ。定番のワインはロワールとボルドーの白。いずれもアスパラガスの有名産地だから、自然に組み合わせが発達したようだ。

新鮮なアスパラガスは、ほんのり甘く、かすかに苦い。サックリと、歯が繊維に食い込む瞬間が快感なのだ。うまみたっぷりの汁があふれ出す。噛み続けるうちに、大地の滋養を吸い上げている気分になる。グラン・バトーは、サントリーが資本参加するネゴシアン「バリエール」が手掛けるリーズナブルな白。新樽を使用し、澱の上で熟成している。樽がコクを、澱がうまみを加えている。フレッシュ＆フルーティーだが、バターのリッチな風味にも負けない。安いのによくできている。バターで炒めた魚料理にも合う。

これもオススメ　トゥール・ド・ミランボー、レ・シャルム・ゴダール、クロ・マルサレット

春

ホタテ刺身✕

磯の香りが相乗

ドメーヌ・ド・レキュ ミュスカデ・セーブル・エ・メーヌ エクスプレッション・ドルトネス 2011

no.30

Domaine de l'Ecu Muscadet Sevre et Maine Expression d'Orthogneiss

2010
Orthogneiss
Domaine de l'Ecu

参考上代	2600円
産地	フランス ロワール地方ペイ・ナンテ地区
ブドウ品種	ムロン・ド・ブルゴーニュ 100%
評価	09年が89点 WA ／ 05年が90点 IWC ★ 14.5点 MVF
輸入元	木下インターナショナル TEL 075－681－0721

生の貝に合うワインは意外に少ない。生臭くなったり、ワインが強すぎたり……貝の持つ磯の香りが難しい。パリのブラッセリーで発見したのがミュスカデだった。小エビ、カキ、ムール貝などを砕いた氷に乗せた海の幸の盛り合わせにぴったり。水っぽいワインも多いが、ギィ・ボサールが手掛けるレキュに外れはない。ビオディナミを導入し、馬で畑を耕す。土壌に応じて、3種のワインを瓶詰めするこだわりだ。

さわやかな緑色。塩っぽさに海の香り。キリッと締まっている。口の中で転がすと、液体が横に、奥に広がっていく。硬さが丸さに変わり、レモンの香りが、熟したグレープルーツに発展する。面白いほどの変わりようだ。東京・浅草の馴染みの「太助寿し」に持ち込んだら、高価なシャンパンを押しのけて、ベストマッチはこのリーズナブルな白ワインだった。アンセルム・セロスやフレデリック・ミュニエら、超一流の造り手たちもレキュのファンだ。10年は熟成できるという。1週間後に全開になったから本当だろう。

これもオススメ　ランドロン、グラン・ムートン、ドメーヌ・ソーヴィオン

スパゲティボンゴレ✕

潮汁の滋味と火山性土壌のミネラル

no.31

GINI
SOAVE CLASSICO

ジーニ
ソアヴェ・クラッシコ 2012

Gini Soave Classico

希望小売価格	2300円
産地	イタリア ヴェネト州
ブドウ品種	ガルガネガ100%
評価	88点　WA／10年が89点　IWC ★　11年が2グラス　GR
輸入元	八田　TEL 03－3762－3121

ボンゴレ（アサリ）は日本三大スパゲティの一つだろう。残る二つはミートソースとカルボナーラ。パスタ好きの私が最もよく作るのもボンゴレ。アサリは郷愁をかきたてる。子どもの頃の潮干狩りを思い出す。本当のおいしさに目覚めたのはナポリの地だった。黒っぽい小さな貝から、鉱物的なうまみが抽出されていた。ベスビオ火山の噴火で積もった土壌が海に堆積(たいせき)するせいか。カンパーニャ州のワインもいいが、北部ヴェネト州のソアヴェを合わせてみた。

ソアヴェは、石灰質を火山性の黒土が覆う独特な土壌。鉄分を感じさせる香味をまとう。つまりミネラル感。ほのかな苦みと塩っぽさがある。潮汁を飲んだ時の、滋味が口中に染みわたる感じと似ている。アサリのうまみを抽出したスパゲティに合わないわけがない。ジーニはソアヴェで三本の指に入る。同じく塩っぽいシャブリと違って、トロリとした口当たりが官能的。貝だしの好きな日本人なら必ず気に入る。アサリはタウリンが豊富だから、飲みすぎても大丈夫？

これもオススメ　プラ、ピエロパン、スアヴィア

アジの干物 ✕

ミネラルの塊をヨード香と

no.32

Minéral
SAINT BRIS
SAUVIGNON
2011
DOMAINES BROCARD

春

ドメーヌ・ブロカール サンブリ ミネラル 2011

Domaine Brocard Saint Bris Mineral

参考価格	2200円
産地	フランス ブルゴーニュ地方
ブドウ品種	ソーヴィニヨン・ブラン100%
評価	★　MVF
輸入元	飯田　TEL 072－923－6244

日本の朝食を象徴する干物。ご飯と味噌汁で食べる習慣はDNAに刻まれているが、夜の食卓に生かさないのはもったいない。干物は海の滋養を閉じ込めている。水分を蒸発させ、うまみを凝縮し、熟成する。これに合うのはミネラル感あふれる白ワイン。シャルドネから造るシャブリではありきたり。そう思って選んだのが、シャブリの生産者が地続きのキンメリジャン（石灰質泥灰）土壌のサンブリで、ソーヴィニヨン・ブランから造るワイン。名前通りミネラル感の塊だ。

シャブリ周辺はかつて海の底だった。シャブリの硬質なタッチはそのままに、ソーヴィニヨン・ブランのユズやグレープフルーツの香りが加わっている。レモンをかけなくてもさっぱり。ブロカールは生産者団体を牽引（けんいん）する造り手だが、バター風味を呼ぶシャブリより、サンブリのほうが干物に合う。火打ち石、貝の殻の香りが、干物のヨード香と調和する。最初は打ち解けない。緊張感がほどけて、目が開くまで1週間はかかる。その変化をじっくりと味わうのも楽しい。

これもオススメ　ゴワソ、アリス・エ・オリヴィエ・ド・ムール、ウィリアム・フェーヴル

コラム

寿司ワインはスパークリングとミュスカデで決まり

ワインで寿司を食べたい。誰もが一度は考えることだろう。ブルゴーニュの高級な赤や白を揃える寿司屋も増えている。果たして相性がいいかどうか——。

世界に広がる寿司ブーム。パリ最古の百貨店「ル・ボン・マルシェ」の食品売り場にも、10年以上前から寿司が並ぶ。観光客の集まるオペラ座近くでは、日曜でも回転寿司が繁盛。家族連れが楽しんでいる。握るのはアジア系の職人だけれど。

米国はもっと進んでいる。世界で最も影響力の大きいワイン評論家ロバート・パーカー。カリフォルニアを取材旅行中にツイッターで「寿司を食べたい」とつぶやいていた。そんなに好きなのか?「来日する最大の目的は大トロ(ファッティ・ツナ)」と、関係者は冗談めかして言う。東京・銀座の三つ星「すきやばし次郎」、「銀座 寿司幸本店」、築地市場内の「大和寿司」などで感激したさまを、「ワイン・アドヴォケイト」(xiiiページ)につづっている。

ニューヨークで「最も高価なレストラン」といわれる三つ星の寿司屋「Masa」。

ワインの帝王はここに大量のボトルを持ち込んだ。コラムによると、コースは500ドルからで、持ち込み料は1本100ドル。日本の物価感覚なら、一人10万円以上の超絶高級店だ。パーカーが飲んだのは、ギガル、シャプティエ、オジェなどローヌの濃厚な赤ワインが中心。白身魚や握りを絶賛していた……神のごとき試飲能力は信じるが、ワインとの相性は無頓着（むとんちゃく）としか思えない。

寿司とワインの合わせは難しい。タンニンが強く、アルコール度の高い赤ワインは無理がある。微妙な風味を隠してしまう。カツオやマグロなど赤身の一部が、合わなくはないという程度。白ワインも簡単ではない。シャルドネは生魚より、バター風味の料理が欲しくなる。シャブリならいけるが、ニンニクバターを使ったエスカルゴのほうがはるかに合う。リースリングやソーヴィニヨン・ブランも、冷涼な産地のものはいける。ミュスカデ（75ページ）は、安くて寿司に合う白ワインのナンバーワン候補だ。

いろいろ試した結果、幅広く合うのはスパークリングワインだった。冷涼な白ワインの香味を備えながら、泡の効果で生臭さを消してくれる。私が寿司屋によく持ち込むのは、シャルドネのみで醸したブラン・ド・ブランが多い。ミネラル感と柑橘（かんきつ）系の香りで、寿司との幸せな結婚が成立する。

サワラ西京焼き ✕

熟成味噌はワインとの接着剤

no.33

ヴィラ・ルシッツ
コッリオ フリウラーノ 2011

Villa Russiz Collio Friulano

参考上代	2790円
産地	イタリア フリウリ・ヴェネツィア・ジュリア州
ブドウ品種	フリウラーノ100%
評価	10年が88点 WA ★★ 2グラス GR
輸入元	ファインズ Tel 03－5745－2190

イタリアの白ワインは、北東部フリウリ・ヴェネツィア・ジュリア州にとどめをさす。オーストリアの影響も受けるこの地には、魚食いの伝統がある。イワシなどの青魚を好む。日本のようだ。日本人がイタリア料理を好きなのは、食の嗜好が似ているからだろう。ヴィラ・ルシッツの本拠コッリオは、アドリア海からも、アルプスからも30キロ。寒冷だが、日照は強く、ブドウは高めのアルコール度と酸をたくわえる。

土着品種のフリウラーノは、甘いミント、アーモンドの皮の香りに、レモンの苦みも含んでいる。ソーヴィニヨン・ブランより、ねっとりした厚みと腰の強さがある。そこが西京焼きの上品で複雑な味わいと相性がいい。魚にちらす山椒の葉は、ミントの香りと似ている。レモンをかけてさっぱりさせる感覚で、グラスが進む。寝かせた西京味噌は発酵食品。アミノ酸が甘みとうまみももたらす。海の近くで産する白ワインは、おおむね魚といける。そこに熟成味噌を加えることで、新たな広がりが生まれる。

これもオススメ カステッラーダ、グラヴナー、メロイ

春

ホタルイカ ✕

オリーブオイルが和の食材との接点

no.34

GOLDWATER
SAUVIGNON BLANC
WAIRAU VALLEY, MARLBOROUGH

ゴールドウォーター ソーヴィニヨン・ブラン 2011

Goldwater Sauvignon Blanc

希望小売価格	2000円　SC
産地	ニュージーランド 南島マールボロ
ブドウ品種	ソーヴィニヨン・ブラン100%
評価	86点　WA／89点　IWC
輸入元	ラック・コーポレーション Tel 03－3586－7501

北陸・富山湾のホタルイカ。パスタやピザにも使われる春の味だ。酢味噌和えを、マルドンのカンシー（69ページ）と合わせた。しっくりこない。ソーヴィニヨン・ブランのさわやかさに合うとみたのだが……発想転換。アルミホイルにホタルイカをのせ、オリーブオイル、天然塩をまぶしてから包み、トースターで2分温める。ロワールでなく、ニュージーランドのソーヴィニヨン・ブランと調和をみせた。アルコール度が高めで、酸が穏やか、果実味が豊かだからだろう。わたのほろ苦さが、オイリーな香ばしさの中で引き立った。

ゴールドウォーターは北島のオークランド沖ワイヘケ島に本拠を置く。ニュージーランドのソーヴィニヨン・ブランを世界に広めた先駆者。芝生の青くささに加えて、リンゴの赤い皮やキウイの香りもする。フランス人がこの品種の特色に使う猫の小水の香りも。雨上がりの公園で、猫のたまり場を探すと確認できる。オリーブオイルやバターをちょっと加えるだけで、和食との接点が生まれる。トライしてほしい。

これも オススメ　クラギー・レンジ、パリサー、マーティンボロー・ヴィンヤード

カツオのたたき×

血と鉄の香り受け止めるタンニン

no.35

CHINON
Achillée
Sélection
Vieilles Vignes

ベアトリス・エ・パスカル・ランベール シノン・キュヴェ・アシレー V.V. 2010

Beatrice et Pascal Lambert Chinon Cuvee Achilee V.V,

希望小売価格	2900円
産地	フランス ロワール地方
ブドウ品種	カベルネ・フラン100%
評価	—
輸入元	ディオニー　TEL 03－5778－0170

カツオの魅力は、血合いからくる鉄っぽさと、カツオ節にも含まれるうまみだ。白ワインではもてあます。かといって、重厚な赤ワインは風味を覆い隠す。品種で言えば、ロワールのカベルネ・フランがちょうどいい。タンニンと果実味が強すぎない。ランベールはシノンの自然派の大御所。酸化防止剤を減らす自然なワイン造りに挑んでいる。自社のブドウで造るドメーヌ物だけでは需要が追い付かず、友人のブドウを買ってネゴシアン物も仕込んでいる。

アシレーもその一つだが、品質はドメーヌに劣らない。樹齢70年のブドウを使う。ほのかな青さが、複雑さを生んでいる。タンニンは熟しているが重くない。軽やかな渋みで血と鉄の香りを受け止める。軽い赤身肉を合わせる感覚に近い。テラテラ光る身に、ニンニク醤油をほんのちょっぴりと。動物的な風味を帯びて、シノンの底力が引き出される。江戸時代のように辛子をつけて食べるのもいい。ランベールはカベルネ・フランの見方が変わるワイン。冷やし気味でぜひ。

これもオススメ　シャルル・ジョゲ、クーリー・デュテイユ、ロッシュ・ヌーヴ

春巻×

中華にトロピカルタッチ

no.36

Bonny Doon Vineyard
Albariño

ボニー・ドゥーン セントラル・コースト アルバリーニョ 2010

Bonny Doon Central Coast Albarino

希望小売価格	3100円　SC
産地	米国 カリフォルニア州セントラル・コースト
ブドウ品種	アルバリーニョ 100%
評価	88点　IWC／11年が88点　WA
輸入元	布袋ワインズ　Tel 03－5789－2728

ボニー・ドゥーンのランダル・グラハムは変わり者の天才だ。大量生産メーカーからバイオダイナミックスの小規模生産者に転換。スペイン・ガリシア州原産のアルバリーニョ種（172ページ）をカリフォルニアで成功させた。切れのいい酸が売りの品種だが、カリフォルニアではトロピカルタッチが加わる。レモンの皮やパイナップルの香り。アルコール度は12・5%と低いが、余韻にハチミツが漂う。ランダルは「アンプラグド」と説明する。確かに、アコースティックな響きがある。ブドウをいじっていない透明な味わいがする。

栽培や醸造の情報の開示にも熱心だ。裏ラベルで、貝や中華に合うと勧めている。春巻とよく合った。香草やタケノコの香りをおおらかに包み込む。コクがあるから、豚肉と油のしつこさにも負けない。熟成したラー油をちょっとつけるとさらに合う。スパイシーな風味とトロピカルな香りは仲がいい。シリコン・ヴァレーに近い、冷涼なサンタ・クルーズ・マウンテンの地を代表する生産者の一人だ。

これもオススメ　ヘブンス、アブレンテ、ヘンドリー

コラム

シャルドネ以外の白ワインにトライ

「ABC」という言葉がある。「Anything But Chardonnay」の略で、シャルドネ以外なら何でもという意味だ。90年代の米国で、シャルドネが氾濫(はんらん)することへの反発から生まれ、その他の品種が見直されるきっかけをつくった。

シャルドネは病害に強い。適応能力もある。世界中で生産されている。ニュートラルな風味のノン・アロマティック品種だ。土地の風土をよく映す。樽発酵やオーク熟成に馴染みやすい。ステンレスタンクでフルーティーにもなるし、オークで芳(ほう)醇(じゅん)な味わいにも仕立てられる。男の色に染まりやすい乙女のような性格なのだ。

世界中の生産者が目指すお手本は、ブルゴーニュにある。例えば、ドメーヌ・ド・ラ・ロマネ・コンティやコント・ラフォンの熟成したモンラッシェ。白ワインの最高峰には、「ひざまずいて飲むべし」と言われるにふさわしい威厳と品格がある。バターやハチミツが豪奢(ごうしゃ)に香る豊満な味わい。スケールの大きさと余韻の長さに圧倒される。品種の偉大さを認めないわけにはいかない。シャルドネはどこの土地でも、うまく造るとフランス料理を呼ぶ味わいになる。こってりとした甘露の舌触り。豊かで官能的。バターやクリームが欲しくなる。そのため、食材の素の魅力を味わうのが基本の和食と合わせるのは一工夫がいる。

日本はフランス純愛主義のソムリエが多い。白ワインの品揃えも、ブルゴーニュのシャルドネに偏っている。愛好家も、少量生産のドメーヌを血眼になって探している。お金がうなるようにあれば、それでもいいが……真価を発揮するには5年も10年もかかる。

ワインの消費と生産の大国である米国は違う。カリフォルニアも、フランスも、スペインも等価値で並んでいる。ニューヨークやナパ・ヴァレーの三つ星レストランに行くと、多彩な品種をグラスでサービスしている。カンパチやウニの料理にアルバリーニョ（172ページ）、魚料理にグリューナー・フェルトリーナー（113ページ）など、ひねりがきいている。シャルドネより安くて面白い。おつまみワインの参考になる。

我々はいつもの癖でついシャルドネを買ったり、レストランで注文してしまう。シュナン・ブランやリースリングにも挑戦してみよう。最初から視線をずらすと、見える世界が広がる。

かき揚げ✕

塩つけてワインを天つゆ代わりに

no.37

Kanta
RIESLING
2010

カンタ リースリング 2010

Kanta Riesling

希望小売価格	3200円　SC
産地	オーストラリア 南オーストラリア州 アデレード・ヒルズ
ブドウ品種	リースリング100%
評価	92+点　WA ★★★★☆　91点　AWC
輸入元	ヴィレッジ・セラーズ TEL 0766－72－8680

優れた造り手は、育った土地以外でも力を発揮する。ヨーロッパから新世界に挑戦する例が増えてきた。根底に恵まれた気候へのあこがれがある。ドイツ・モーゼルの名手エゴン・ミュラーが、南半球に飛んだ理由の一つもそれだろう。それでも、さすがはリースリングの第一人者。夏の平均気温が20度を切る冷涼なアデレード・ヒルズで畑を探した。

柑橘系の香りだが、黄色のレモンではなく、緑色のライムの雰囲気。塩っぽいミネラル感がある。心地よくて、切れがいい。モーゼルと違って、残糖のない辛口。アルコール度はやや高め。純粋さは同じだが、少し筋肉がついている。骨は細いのに、引き締まった筋肉がついた女性アスリートのようだ。天ぷらに鉄板なのがリースリング。カウンターで食べる時は、シャンパンかリースリングと決めている。天つゆではなく塩で。ワインと直接につながる。全体をまとめる天つゆと大根おろしの代わりにワインを飲む感覚だ。しつこさを切って、飲むたびに、口の中をリフレッシュしてくれる。

これもオススメ　グロセット、ネペンス、アシュトン・ヒルズ

エビフライ ✕

野菜の清涼感でもっとフライを

no.38

ピーター・レーマン エデン・ヴァレー リースリング・ポートレート 2012

Peter Lehmann Eden Valley Riesling Portrait

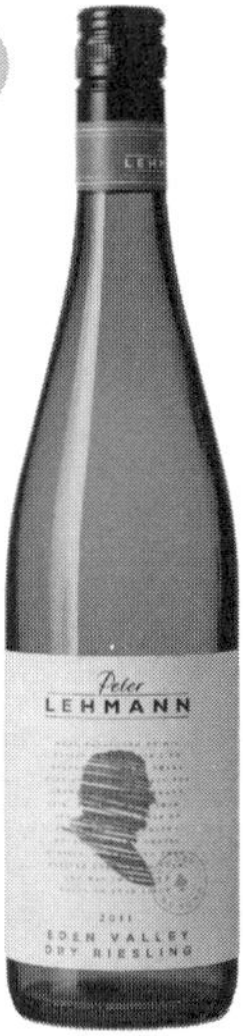
Peter
LEHMANN
2011
EDEN VALLEY
DRY RIESLING

希望小売価格	2450円　SC
産地	オーストラリア 南オーストラリア州 エデン・ヴァレー
ブドウ品種	リースリング100%
評価	★★★★★　AWC
輸入元	ヴィレッジ・セラーズ TEL 0766−72−8680

今もエビフライにときめく。お子様ランチで刷り込まれたせいか。巨大な姿を見ると我慢できない。こってりしたシャルドネはNG。繊細なエビの甘みを殺してしまう。線の細いソーヴィニヨン・ブランもいまひとつ。困った時のリースリングが、フィットした。エビフライは、マヨネーズかタルタルソースをかける。キャベツやトマトで、さっぱりさせながら、ご飯をかきこむと完成する。洋食の偉大な方程式だが、それでは、ワインの入りこむ余地がない。

レーマンのリースリングは、野菜の清涼感の代わりになる。切れのいい酸の刺激で、フライがもっと食べられる。ライムや干し草の香り。アルコール度が低いから疲れない。南オーストラリア州はオーストラリアの代表的な産地。米国にとってのカリフォルニアに等しい。アデレードに近いエデン・ヴァレーは、トップ級のリースリングを生む。レーマンは栽培農家を大手メーカーから守り、バロッサの男爵と呼ばれた。多彩な品種を手がけ、どれも水準が高い。

これもオススメ　メッシュ、トレヴァー・ジョーンズ、ヘンチキ

フライドポテト×

チャーミングなピノ・ノワールと

no.39

THIBAULT LIGER-BELAIR
BOURGOGNE
PINOT NOIR

ティボー・リジェ・ベレール ブルゴーニュ ピノ・ノワール　2011

Thibault Liger-Belair Bourgogne Pinot Noir

希望小売価格	2800円
産地	フランス ブルゴーニュ地方
ブドウ品種	ピノ・ノワール100%
評価	★　MVF
輸入元	ジェロボーム　TEL 03－5786－3280

フランス人は揚げた芋が大好物だ。カフェやビストロで、山盛りの付け合わせが出てくる。米国人もポテト好きでは負けないが、本場はフランスと思っているのかもしれない。ハンバーガー屋では「フレンチフライ」と注文する。フライドポテトでは通じない。2003年、フランスが米国のイラク侵攻に反対した際は、下院議会食堂のフレンチフライが「フリーダム・フライ」に呼び名を変えられる〝事件〟が起きた。

フランスに行くと、主菜の肉が巨大でも完食してしまう。カラリと揚がって、甘みがある。寒暖の差が大きい土地なので糖度がのる。肉食のフランス人は白より赤を好む。ちょっと贅沢にブルゴーニュを合わせたい。鶏肉も牛肉も銘品を産する偉大なる田舎。ファストフードのポテトが上品に感じられる。黒コショーをかけると赤に合い、白コショーだと白に合う。ティボー・リジェ・ベレールは若手の注目株。勉強熱心ないい男だ。これは値段より価値が高い。ピュアで、フルーティー。チャーミングという言葉がよく似合う。

これもオススメ　ドニ・バシュレ、ユドロ・バイエ、ジェラール・ラフェ

春

肉ジャガ×

ガメイは愛しき友人の豚肉と

no.40

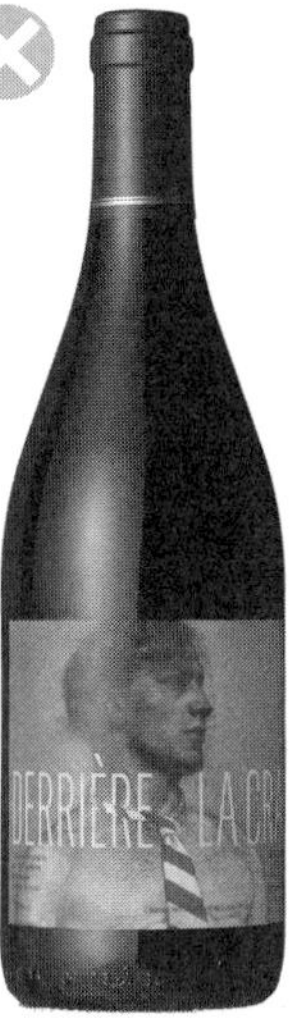

DERRIÈRE LA CR

ブルーノ・ドゥビーズ ボージョレ デルニエール ラ・クラヴァット 2011

Bruno Debize Beaujolais Derriere La Cravate

希望小売価格	3000円
産地	フランス ブルゴーニュ地方
ブドウ品種	ガメイ100%
評価	—
輸入元	ヴォルテックス　TEL 03－5541－3223

美食の里ボージョレ。素朴な惣菜がおいしい。ハム、パテ、ソーセージ……豚肉は重要な食材だ。加工食品になるし、そのまま調理してもうまい。鳴き声以外はすべて食べ尽くせる愛しき家畜だ。ガメイと豚肉の相性はもちろんいい。ちょっとスパイシーな甘草の香りが、豚肉を引き立てる。肉ジャガとも相性がいい。ポイントは山椒と七味を振りかけること。スパイシーさが引き立ち、ワインをさらに呼ぶ。

ブルーノ・ドゥビーズはビオディナミ農法を駆使する造り手。ヌーヴォーで用いるマセラシオン・カルボニックの手法はとらない。うわべだけの飲みやすいワインに仕上がるからだ。普通の赤ワインと同じように醸造する。アジアのスパイスや紅茶の香り。みりんのほんのりした甘みとも合う。ブドウジュースのようにのどを滑り落ちる自然さ。驚いたのは開けた後。3日間にわたって飲んだら、複雑味が増した。酸と構造がしっかりしているのだ。ボージョレは飲みやすいヌーヴォーばかりではない。和食全般に応用範囲が広い。

これもオススメ ジャン・フォワイヤール、マルセル・ラピエール、ギィ・ブレトン

コラム

頂点に立つマスター・ソムリエとマスター・オブ・ワイン

コンクールは緊張感みなぎる戦いの場だ。2013年3月に東京で開かれた世界最優秀ソムリエコンクール。決勝のカギを握るブラインド試飲は、白ワイン1、赤ワイン3、スピリッツ6種で、赤の最後の2つはピノ・ノワールだった。イスラエル・ヤルデンの2008とブルゴーニュのアルベール・モローのボーヌ・プルミエクリュ・レ・ゼグロ2005。モローはよく知られた造り手。選手たちも飲んだ経験はあるはずだが、優勝したスイスのパオロ・バッソは、いずれもイタリアのネッビオーロと答えて外した。ブラインド試飲はかくも難しい。

ワイン界には最高峰の資格が二つある。マスター・ソムリエ（MS）とマスター・オブ・ワイン（MW）。世界コンクールに出るソムリエはMSの資格を持っている例も多い。米国を中心に、世界に218人（2013年11月現在）。理論のほか、ブラインド試飲やサービス実技に重点が置かれている。日本人はいない。

英国発祥のMWは60年近い歴史を有する。評論家、バイヤー、教育者ら、24カ国に312人の資格者がいる（2013年9月現在）。試飲は産地、醸造過程、品質などを答える。理論では「収穫量の変動が世界的なワイン需給に与える影響は」「ワイン投資の黄金時代は終わったか」など、広い視野と論理力が求められる。日本関連では、ロンドン在住の日本人女性が1人、東京在住のオーストラリア人ネッド・グッドウィンがいる。国内では業務酒販店社長、大橋健一さんが挑戦している。

両方の資格を持つのは4人。いずれの試験も年々、難しくなっている。世界最優秀ソムリエコンクールを運営した田崎真也・国際ソムリエ協会会長は「現在のコンクールの問題は私が優勝した18年前の1995年よりはるかに難しい。私が出場しても勝てるどうか」と明かす。2010年にMWに合格した英国人バイヤーのアレックス・ハントは「新世界に旧世界と見分けのつかないワインが増えている。新興産地も広がっている。ここ数年で試飲のハードルはさらに上がった」と話す。

MSとMW。どちらが難しいか？　トータルではMWだろう。ブラインド試飲の水準が高く、広範な知識が求められる。最短で3年、10年以上も受験を続ける候補生もいる。ただし、MSはサービスのプロだ。

「ろくでもない文章しか書けないと、MWにはなれない。MWもきちんとしたサービスができなければMSにはなれない」と、アレックスは冗談めかす。

第3章

夏のおつまみワイン

冷奴×

ミョウガやシソの風味を島国の泡で

no.41

SILENI
SILENI
CELLAR SELECTION
Sparkling
SAUVIGNON BLANC
WINE OF NEW ZEALAND

シレーニ・エステート セラー・セレクション・スパークリング ソーヴィニヨン・ブラン

Sileni Estates Cellar Selection Sparkling Sauvignon Blanc

希望小売価格	1900円　SC
産地	ニュージーランド 南島マールボロ
ブドウ品種	ソーヴィニヨン・ブラン 100%
評価	—
輸入元	エノテカ　TEL 03−3280−6258

夏の食事は冷奴で始めたい。体を冷まし、気分を切り替えられる。口あけはビールでもいいが、冷奴と合うとはいいがたい。苦みが大豆のピュアな香りの邪魔をする。シレーニは日本で人気の生産者。ハーブやライムのさわやかな香り。切れがよくて、口の中を刺激する泡が心地よい。豆腐にミョウガやシソをちらすと、ワインの香りに寄り添ってくれる。塩とオリーブオイルをかけて食べるのもいい。シリアスではないが、1杯目にぴったり。心と体がリフレッシュされる。

島国ニュージーランドはソーヴィニヨン・ブランの第二の故郷だ。ボルドー発祥の品種を世界に広めた。南島の北端にあるマールボロはその発信地だ。南半球で緯度はフランスと同じ。涼しくて、雨が少ない。気候はフランスよりも恵まれている。開け閉め可能なゾルクという栓を使っているから、飲み残しも気にならない。3日にわたって飲みつなぐ程度なら、泡も消えない。懐にも優しい。シャルドネやロゼなど5種のスパークリングがあるから、飲み比べても楽しい。

これもオススメ　ペロリュス、ノビロ、クォーツ・リーフ

モッツァレッラ×

南イタリアの豆腐に白の地酒を

no.42

BÉCHAR
2011
FIANO DI AVELLINO

アントニオ・カッジャーノ フィアーノ・ディ・アヴェッリーノ・ベシャール 2011

Antonio Caggiano Fiano di Avellino Bechar 2011

希望小売価格	2900円
産地	イタリア カンパーニャ州
ブドウ品種	フィアーノ100%
評価	91点　WA／1グラス　GR
輸入元	オーデックス・ジャパン Tel 03－3445－6895

夏

モッツァレッラは南イタリアの豆腐だ。ナポリ近郊の二つ星レストラン「ドン・アルフォンソ１８９０」で食事した時、ソムリエが教えてくれた。朝一番に生産者を訪ねて、できてを食べるのが最高だと。豆腐と同じ。鮮度が決め手のデリケートな食材だ。飛行機で持ち帰って食べたら、わずかに味が落ちていた。冷やしてカプレーゼが王道と思っていたら、思いもよらぬ食べ方を教わった。おいしく食べるコツは温めること。袋のまま、熱めのお湯に30分ほど漬けろと。

ゲランドの塩とオリーブオイルをかけて、バジルをちらす。プニプニと繊維が溶けて、乳臭い香りが広がる。どこか懐かしい。香りのたち方が冷たい状態とは別物。合わせるのは土着品種の白ワイン。間違いのない方程式だ。カッジャーノのフィアーノを飲むと、後口が甘くなる。カリン、ハチミツ、焼き栗の香り。すっきりした酸があるが、果実の芯は太く、ねっとりとしている。アルコール度は13・5%。魚介を煮たアクアパッツァにも合う南イタリアの土着品種だ。

これも オススメ　ルイジ・マッフィーニ、ディ・メオ、ロッカ・デル・プリンチペ

カマスの干物×

熟れたリンゴととろける白身

no.43

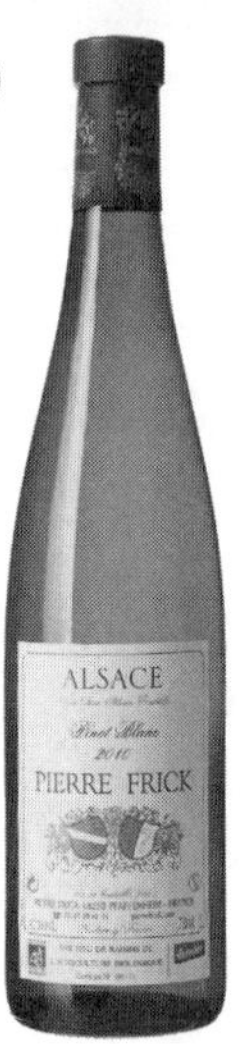
ALSACE
Pinot Blanc
2010
PIERRE FRICK

ピエール・フリック ピノ・ブラン 2011

Pierre Frick Pinot Blanc

希望小売価格	2600円　王冠
産地	フランス アルザス地方
ブドウ品種	ピノ・ブラン100%
評価	08年が14点　MVF
輸入元	ラシーヌ　TEL 03－5366－3931

干物は魚食い民族の保存食だ。ヨーロッパの狩猟民族が肉をハムやソーセージにするのと同じ。魚の種類によって、合わせるワインも変わる。淡白なアジの干物とサンブリの相性(77ページ)は想定内だったが、脂の乗ったカマスが、海のないアルザスのワインに合うのは驚きだった。フリックは並の造り手ではない。ビオディナミ農法で、ピュアな果実味を引き出す。熟れたリンゴの蜜の香りと果実の厚みが、品のある脂やとろける白身と調和するのだ。

ピノ・ブランは低く見られがちだが、一流生産者の手にかかるものはお買い得だ。品格は高貴品種にかなわないが、日常の食卓にはかえって使いやすい。きれいな酸があるから、干物に柑橘類をかけなくてもいい。ご飯をかきこむ必要もない。ワインとの掛け算だけで風味がふくらむ。ほっこりとした身を噛みしだきながら、日本人の幸せをかみしめる。山に囲まれた土地のワインだが、海の幸ともよく合う。ソーセージと干物の両方に使える。栓が王冠なので開けるのも楽だ。

これもオススメ　ショフィット、ジョスメイヤー、メイエ・フォンネ

かまぼこ ✕

海の滋味を緊張感ある辛口と

no.44

ROCKY GULLY

フランクランド・エステート ロッキーガリー・リースリング 2012

Frankland Estate Rocky Gully Riesling

希望小売価格	2000円　SC
産地	オーストラリア 西オーストラリア州 フランクランド・リヴァー
ブドウ品種	リースリング100%
評価	89+点　WA／★★★★★　AWC
輸入元	ヴィレッジ・セラーズ Tel 0766－72－8680

夏

パリのトゥール・ダルジャン。三つ星だった90年代前半に訪れて、前菜に食べたのがカワマスのクネルだった。濃厚さと格闘しながら思った。これって魚のすり身。日本なら、かまぼこではないかと。瀬戸内出身の私はかまぼこにうるさい。白銀や秋芳など、名品を食べて育った。いいかまぼこは海の恵みの滋味とともに、上品な透明感も備える。複雑なのに雑味がない。そのたたずまいはいいワインと共通する。

オーストラリア西端にあるグレート・サザン地区から産する。南氷洋の寒流の影響を受けて涼しい。緊張感のある辛口。時間とともに酸がほぐれて、ユズの香りが出る。ピュアな本質はブレがない。上品なかまぼこと引き立て合う。マヨネーズと柚子胡椒を混ぜてつけると、さらに接点が広がる。次期当主のハンター・スミスは熱いオージー。現地で、食事会のために4時間もかけて運転して来て、畑別に仕込んだリースリングを飲ませてくれた。スクリューキャップは気楽。毎晩、チビチビ飲んで、かまぼこをつまむのは最高だ。

これもオススメ　ルーウィン、アルクーミ、ハワード・パーク

コラム

魔法の塩ゲランドをひと振り

塩は料理の決め手だ。ワインとの相性も左右する。東京・銀座の一つ星焼き鳥屋「バードランド」の和田利弘さんは、素材で塩を使い分ける。奥久慈軍鶏(しゃも)の胸やモモには、土佐あまみの塩を、脂の強いボンボチ(テール)には、仏ゲランドの塩を。茨城の軍鶏と高知の塩が合うのは、同じ黒潮の影響を受けているからと見る。

専売公社が長く塩の専売権を持っていたため、日本では天然塩の発展が遅れた。フランスでも、ゲランドの塩が注目されるようになったのは90年代に入ってからだ。一流レストランは、ほぼゲランドを使っている。

ゲランドの塩は、大西洋に面するブルターニュ半島南部の塩田で採取される。太陽と風によって、海水を蒸発させる。古典的な手法で結晶化する天日塩だ。ブルターニュ地方は恵まれた気候ではないが、厳しい土地でいい産物が生まれるのはワインと同じ。自然の産物だから。湿り気のある灰色がかった塩は、豊かな風味を有する。

冷奴にまぶせばわかる。薬味なしで食べられる。甘さを含む苦味。うまみと風味が強い。まろやかかで複雑。やさしく舌の上で溶ける。醤油はいらない。いい醤油は風味が強くて、完成しすぎている。ワインの入り込むすきがない。

国内にもおいしい天然塩が増えてきたが、ワインとの相性を考えるなら、ゲランドの塩を試してほしい。マグネシウム分が結晶化している。水道水に溶かすと、硬水に近くなる。スパゲティをゲランドの塩を入れて茹でると、ピシッと仕上がる。日本の塩だと、はんなりした風情で茹で上がる。

いい食材を使ったり、高い惣菜を買わなくてもいい。ゲランドの塩をかければ、ただのトマトが甘くなる。野菜や白身魚の天ぷらにひと振りするだけで、北の冷たい海が思い浮かぶ……というのは大げさだが、フランスやイタリアのワインとの相性も、一気によくなる。とりわけミネラル感の豊かなワインに合う。同じ産地から生まれる強みだろう。母なる海の恵みが、大地の育むワインを受け止めるのだ。

私はパリに行くたび、1キロの箱を買う。2ユーロ程度。日本では安くないが、1キロ1000円はしない。一度買えば半年は使える。魔法の粉だ。だまされたと思って、一度試してほしい。

枝豆✕

ゲランドの塩でワインが身近に

no.45

PROYECTO
CU4TRO
BUBBLES
CAVA

クロ・モンブラン
プロジェクト・クワトロ・カバ

Clos Montblanc Proyecto CU4TRO Cava

希望小売価格	1800円
産地	スペイン カタルーニャ地方
ブドウ品種	マカブー40%、チャレロ40%、パレリャーダ15%、シャルドネ5%
評価	—
輸入元	エノテカ　TEL 03－3280－6258

夏は毎日でも枝豆を食べたい。だだ茶豆なら最高だが、山形以外の生産者も頑張っている。味の違いも面白い。ワインと合わせるコツは一つ。茹でたてにゲランドの塩をまぶすこと。灰色の天日塩はブルターニュの海の産物。太陽と自然の恵みが凝縮したうまみとミネラルの塊だ。ちょっとぜいたくだが、おいしさが三倍になる。不思議なもので、ヨーロッパのワインが身近な存在になるのだ。

クロ・モンブランの売りは値段。ストッパーを使って三夜に分けて飲んだら、一晩は600円にすぎない。プレミアムビールとの価格差は小さい。対する気分の優雅さは比べ物にならない。シャープで雑味がない。銀色のスタイリッシュなデザインそのままの印象だ。シャンパンと比べてはいけない。品種も、醸造法も、コンセプトも違うのだから。スペインのバルなら、1杯飲んで、白か赤ワインに移る。そんな使い方がふさわしい。3回にわけて飲んでも味が落ちなかった。残量がわかりにくいのが難。注いだ量を覚えておこう。

これもオススメ　カルレス・アンドルー、ロリガン、パレス・バルタ

キスフライ×

控えめな白身魚と素肌美人

no.46

LOUIS JADOT
2011
BOUZERON
LOUIS JADOT
Domaine Gagey

ルイ・ジャド ドメーヌ・ガジェ ブーズロン 2011

Louis Jadot Domaine Gagey Bouzeron

希望小売価格	2700円
産地	フランス ブルゴーニュ地方
ブドウ品種	アリゴテ100%
評価	★ MVF
輸入元	日本リカー TEL 03－5643－9770

夏

キスフライは侮れない。大ぶりの身に箸を入れる。甘い湯気がフワリと立ちあがり、それだけで幸せな気分。レモンもウスターソースもいらない。舌の上でハラリと、花びらのように散る。香ばしい衣と品のいい甘さ。天ぷらとはまた違う対比の妙味がある。もう一気呵成（かせい）にいく。日本人にしかわからない究極の白身魚。控えめな美学を大切にするなら、上品で、淡白な白ワインしかない。

アリゴテを安ワインの代表と考えるなら間違いだ。ロマネ・コンティを共同経営するオベール・ド・ヴィレーヌも、ブルゴーニュのファーストレディ、マダム・ルロワもこの品種を手掛ける。シャルドネに植え替えずに生産しているのは、それだけの魅力があるからだ。ジャドはよく熟す黄金色のアリゴテ・ドレという種類を使う。金木犀（きんもくせい）やユズの香り。酸はまろやかで、しみじみとおいしい。岩清水の透明感。メークはルージュだけの素肌美人を連想させる。キスフライの繊細さを壊さない。3週間飲みつないで崩れなかった。

これもオススメ A・et・P・ド・ヴィレーヌ、アルノー・アント、ルーロ

焼き鮎×

小石の藻をなめる鮎の気持ちで

no.47

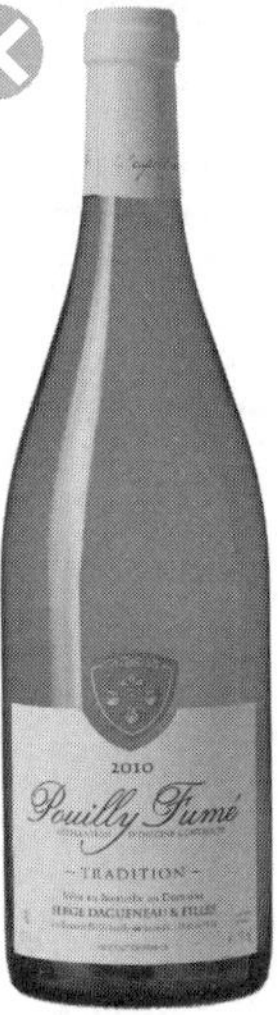
2010
Pouilly Fumé
TRADITION
SERGE DAGUENEAU & FILLES

セルジュ・ダグノー・エ・フィーユ プイィ・フュメ・トラディション 2011

Serge Dagueneau et Filles Pouilly Fume Tradition

参考上代	3200円
産地	フランス ロワール地方
ブドウ品種	ソーヴィニヨン・ブラン100%
評価	90 ～ 91点　WA
輸入元	稲葉　TEL 052－301－1441

サンセールとプイィ・フュメ。ロワール川をはさむ対岸の産地は、同じソーヴィニヨン・ブラン種からワインを造る。にもかかわらず、味わいは異なる。プイィ・フュメのほうが堅く、酸が強い。ハーブ香もより複雑。シャブリと同じキンメリジャン土壌が広がっているからだ。ダグノーは代表的な生産者の一人。セルジュは事故死した野性児ディディエ・ダグノーのおじで、今は娘たちがドメーヌを運営している。

プイィの特色であるミネラル感があり、スモーキーで、ポロネギやセージの香りが広がる。サンセールほど人懐っこくない。ドライで、硬質な味わい。万人受けするスモークサーモン（167ページ）より、大人好みの鮎を合わせたい。ミネラル感を表す言葉は、砂利、チョークなど多彩だが、このワインは、川底の小石をなめる気分だ。飲むたび、石についた藻を食べる鮎の気持ちを連想してしまう。燻（いぶ）した香りは、塩だけで焼いた鮎の香りにも合う。はらわたの苦みは、ライムのような香りが消してくれる。最良の鮎ワインの一つだ。

これもオススメ　パスカル・ジョリヴェ、ルイ・バンジャマン・ダグノー、ラドゥセット

ウニ丼

冷たい感触の泡と海のバター

no.48

TALTARNI
2010
TACHE

タルターニ
ブリュット・タシェ 2010

Taltarni Brut Tache

希望小売価格	2800円
産地	オーストラリア
ブドウ品種	シャルドネ57%、ピノ・ノワール38%、ピノ・ムニエ5%
評価	NVが90点　WA ★★★★☆　AWC
輸入元	JALUX　TEL 03－6367－8756

夏

ウニは海の王様だ。あらゆる官能を含んでいる。ヨード香、香り高さ、まろやかな舌触り……。何でも合いそうに思えるが、それほど簡単ではない。下手すると生臭くなる。結局はスパークリングが万能という結論に行きついた。泡があれば、たいがいの食べ物と仲良しになれる。最近の狙い目はオーストラリア。タルターニはフランスに起源を持つカリフォルニアのクロ・デュ・ヴァルが参画している。メルボルンのあるヴィクトリア州、タスマニア島など冷涼な産地のブドウを瓶内二次発酵方式で仕上げている。

タシェは「色の付いた」というフランス語。赤ワインのリキュールを加えたサーモンピンク色だ。値段から考えられないバランスのよさと冷たい感触を誇る。夏の産卵前のウニは海のバターと呼びたい。クリーミーな口当たりと長い余韻。口中の粘膜にねっとりとまとわりつく。なまめかしい食感を、チリチリした泡が優しく撫(な)でる。かすかなタンニンは、濃厚な風味を受け止めてくれる。

これもオススメ　ジャンツ、グリーン・ポイント、ハウス・オブ・アラス

コラム

ミネラル感のあるワインは偉いのか？

ミネラル感とは何か？　さんざん使っているのに定義が難しい。軟水と硬水を想像するとわかりやすい。日本は軟水。まろやかで、軟らかい。吸い物や緑茶に向いている。ヨーロッパには硬水が多い。カルシウムやマグネシウムが多く含まれている。石灰質土壌を通り抜け、その過程でミネラル成分が溶け込んでいる。私の好きなコントレックスを飲めばわかる。口の中で硬く、口蓋にまとわりつく感じがある。

感じやすいのは、シャンパンとシャブリだ。ミネラル豊かなシャンパンは、開けたては硬いが、飲むうちにほどけてくる。そこから複雑な香味に発展する。シャルドネのみで造るブラン・ド・ブランのサロン（41ページ）を手がけるディディエ・デュポン社長は「ブドウの根がメニル村の白亜質チョーク層に深く伸びて、ミネラルを吸い上げる」と語る。飲み頃までに10年以上かかる最上の品だ。

シャブリの畑は、白っぽい石灰質土壌に貝殻が混じる。トップ生産者のフランソワ・ラヴノーやヴァンサン・ドーヴィッサを飲むたび、水晶が溶け込んでいるように感じる。ビオディナミにまじめに取り組む生産者たちだ。ミネラル感あふれるワインを造るのは、フルーティーなワインより難しい。冷涼な産地の、酸が豊かなワインに表れやすい。問題は科学的に説明しにくいこと。

土壌微生物学の世界的な権威クロード・ブルギニョンですら「土壌の成分との関係はわからないが、ミネラル感を感じるワインは確かにある。ただ、シャンパーニュの土壌を調査しても、塩みやミネラル感を感じさせる成分は分子レベルで見つからない。プイィ・フュメの火打ち石を含むシレックス土壌のワインは、火打ち石の香りがするが、ワインに砕いて入れるわけではない……」と語っている。

ミネラル感を表現する言葉はいろいろある。鉱物的、金属的、チョークの粉、砂利をかむような、湿った小石、火打ち石、塩っぽい、ヨード……これらの感覚にピンときたら、あなたもミネラルのとりこになっている。

それでは、ミネラル感のあるワインは何が偉いのか？　優劣ではない。ブドウを有機栽培し、人工的な手法を排して醸造すれば、自然とミネラル感が出てくる。若いうちはワインに緊張感をもたらす。それを熟成させると、複雑な味わいや香りに発展する。結局、素性のいいワインにはミネラル感がある。そういうことだ。

エビのアヒージョ ✕

手抜きレシピでバスクの白と

no.49

ITSAS
MENDI
7

イチャスメンディ チャコリ No. 7（ヌメロ・シエテ）2012

Itsasmendi Txakoli No.7

希望小売価格	3400円
産地	スペイン バスク自治州
ブドウ品種	オンダラビ・スリ80%、リースリング20%
評価	11年が86点　WA
輸入元	フィラディス　TEL 045－222－8871

驚いた。２０１３年3月に東京で開かれた世界最優秀ソムリエコンクール。公開決勝のワインリスト間違い探しの1問目がチャコリだった。正解は品種の違い。チャコリはスペイン・バスク地方の気軽な地酒。海外では見つけにくい。そこまで知らないと、世界の頂点に立てないとは。微発泡を帯びた早飲みワインだが、現地ではしっかり造ったものもある。

これも泡立っていない。強い酸は温度が上がると丸くなる。バジルやレモンカスタードの香り。きれいな余韻にほのかな苦みがにじむ。バスクは近年、美食の地としても名高い。おすすめはエビのアヒージョ。アヒージョとはスペイン語でニンニク風味の意味。バルの定番だ。レシピは簡単。耐熱容器でエビをオリーブオイルに浸して、ニンニクと鷹（たか）の爪（つめ）を入れるだけ。オーブントースターで熱して、泡立ったらできあがり。マッシュルームやタコでも応用がきく。プリプリのエビを含むと、ワインの酸味が甘さに変わる。くせになるおいしさ。最後はパンで汁をすくう。鍋物感覚だ。

これもオススメ　チョミン・エチャニス、グルチャガ、レサバル

エビチリ ✕

スーパーセレブとピリ辛風味の共演

no.50

MIRAVAL
PROVENCE

ミラヴァル コート・ド・プロヴァンス ロゼ 2012

Miraval Cotes de Provence Rose

希望小売価格	3000円
産地	フランス プロヴァンス地方
ブドウ品種	サンソー、グルナッシュ、ロール、シラー
評価	—
輸入元	ジェロボーム TEL 03－5786－3280

セレブがワインを造る例が増えている。最高峰がこれ。史上最もニュースになったワインと言われる。所有者はブラッド・ピットとアンジェリーナ・ジョリー。ワイン界にとどまらず、SNSで世界に拡散した。一般にはロマネ・コンティやシャトー・マルゴーより知名度が高いだろう。名前だけのセレブワインも多いが、これは本物。南ローヌの名門ペラン家（114ページ）が、カップル所有のシャトーで栽培する。

ピーター・メイルのエッセイで有名になったプロヴァンスは楽園だ。陽光が降り注ぎ、乾いた風が吹き抜ける。トスカーナの次に好きなワイン産地だ。透明な瓶に入ったロゼは、桜の花びらと同じ淡いピンク。見ているだけで心が和む。かすかなタンニンと、柔らかい果実味。ほのかにスパイシーで、バランスがいい。鮮紅色のエビチリを合わせたい。ニンニクベースのピリ辛風味と油っこさによく合う。よく冷やして、昼下がりにユルユルと飲みたい。太陽がいっぱい、な気分になる。ささやかだが、最高の贅沢だ。

これもオススメ タンピエ、バスティード・ブランシュ、オットー

麻婆豆腐×

夏のロゼは中華に万能

no.51

ATA RANGI
MARTINBOROUGH
Summer Rosé
2012

アタ・ランギ サマー・ロゼ 2012

Ata Rangi Summer Rose

希望小売価格	2850円　SC
産地	ニュージーランド 北島マーティンボロー
ブドウ品種	メルロー、カベルネ・ソーヴィニヨン、シラー
評価	—
輸入元	ヴィレッジ・セラーズ TEL 0766−72−8680

ロゼワインがブームだ。フランスで飲まれる発泡しないワインの4本に1本がロゼだという。食のライト&ヘルシー志向の影響が大きい。食事の中心が肉から魚や野菜に変わり、ソースや火通しはより軽く。そうなると、ワインも重厚な赤から、ロゼや白に好みが移る。ロゼが最も合うのは中華料理だ。肉と魚を同時に使う皿が多いから。白のさわやかさと、赤のタンニンを兼ね備えるロゼは、日本の食卓でも活躍する。レストランで、赤と白の選択に迷った時も頼れる存在だ。

その名も夏のロゼ。きっちり冷やして飲み始めたい。すぐに温度が上がる。スイカを連想させる鮮やかな赤色。見ているだけで心がウキウキする。麻婆豆腐のスパイシーな辛さは、ふくよかなロゼにぴったり。ボルドー品種からくるボリューム感が、香辛料の強さと油っこさを受け止める。後口のほのかな甘さが、しびれる辛さを和らげる。アタ・ランギはニュージーランドを代表するピノ・ノワールの生産者。最も安い価格帯のこのワインでも、期待を裏切らない。

これもオススメ　シューベルト、クスダ、ウーイング・ツリー

タイカレー ×

山椒とつなぐスパイスのきずな

no.52

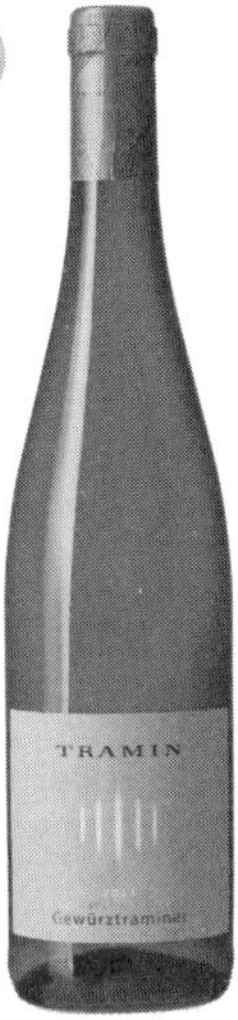

TRAMIN
Gewürztraminer

トラミン
ゲヴュルツトラミネール 2012

Tramin Gewurztraminer

希望小売価格	2900円
産地	イタリア トレンティーノ・アルト・アディジェ州
ブドウ品種	ゲヴュルツトラミネール100%
評価	10年が92点　WA ★★　11年が2グラス　GR
輸入元	フィラディス　TEL 045－222－8871

アルザスで有名なゲヴュルツトラミネール。バラの花やライチが香るわかりやすい品種だが、原産地はイタリア北東部。トラミン（イタリア語でテルメーノ）という町が存在する。アルザス産は甘さや重さでタイプがさまざまだが、トラミン協同組合が生産するこのワインはバランスがいい。酸がきれいで上品。くどすぎず、薄すぎず。単体でグイグイいける。

ゲヴュルツトラミネールはエスニック料理のよき友達。中華料理の大半をカバーする。タイ料理とも相性がいい。バンコクで何度か試したが、ココナッツミルクを使うタイカレーとぴったり。香菜、白コショー、ショウガのスパイシーな香りに溶け込む。緑、赤、黄色のカレーがあるなかで、緑が一番よかった。ビールは辛さをやりすごすだけだが、トラミンは後味が甘くなる。本場のカレーには、生山椒を入れる。刺激的で爽快なその香りとも合わせてくれる。ゲヴュルツとはドイツ語でスパイスの意味。花椒（ホワジャオ）を使う四川料理にもいける。ただし、激辛にするとワインの味がわからないから注意。

夏

これもオススメ　フランツ・ハース、テルラーノ、アバツィア・ディ・ノヴァチェッラ

コラム

哀しみのブショネ、喜びのスクリューキャップ

スクリューキャップの瓶を見るとうれしくなる。開けるのが楽だから。横倒しで保存しても大丈夫。何より、天然コルクで怖いブショネ（コルク臭）の心配がない。熟練したソムリエはがっかりするかもしれない。抜栓の技を見せようがないから。スクリューをひねるだけなら、3秒で終わってしまう。

英語で「コルキー」と言うブショネ。農薬や漂白剤との化学反応で起きる。ずいぶん泣かされた。80、90年代のブルゴーニュやローヌに多い。当時はコルクに金をかけなかったせいだろう。余裕がなかった。最も悲しかったのは、ドメーヌ・ド・ラ・ロマネ・コンティのロマネ・サン・ヴィヴァン89年。10万円も払ったのに……苦味の混じる舌触り、かび臭さ。香りが伸びずに、途切れてしまう。

お金よりも、ブショネと知らずに寝かせていた自分に腹が立つ。打ち砕かれる期待。時間が無駄になった虚しさ。10年間の刑務所暮らしを終えて、恋人に会うため帰郷したら、とっくの昔に結婚して、子どもまでいた。そんな哀しみがある。

天然コルクを高圧で成形したディアム（左）、ロマネ・コンティ社のロマネ・サン・ヴィヴァン（中）、高価なコルクを使うカリフォルニア・カルトのハーラン・エステート（右）

スクリューキャップの比率は全体の15〜20%とされる。オーストラリアとニュージーランドはスクリューキャップ先進国だ。豪クレア・ヴァレーのジェフリー・グロセットは「ブショネの確率は7%といわれる。極めて高い。コンドームの不良品率が1%もあったら困るだろう」と。妙に納得した。

天然コルク好きのフランス人も変わってきた。砕いた天然コルクを高圧成形したディアム（DIAM）が増えている。本書のワインにも多い。コルク臭の心配がなく、見た目の違和感もない。シャブリの「ウイリアム・フェーブル」は大半のワインに47ミリの標準的な長さのものを使う。1個0・15ユーロ。「コルク臭、ボトル差がなくなった」と醸造責任者。ブショネが防げるのなら安い。

最も高価な天然コルクを使うのは、カリフォルニアのカルトワインの造り手たちだ。マーク・オベールがシャルドネやピノ・ノワールに使うのは1個2ドル。ポルトガル産のそれは、弾力があって、ピカピカに輝いている。

ブショネを見分ける方法を、ヴーヴ・クリコで教わった。コルクを水につけると、香りが浮き出る。アラン・ロベールのシャンパン85年でブショネにあたった際に試した。ラベルを外そうと、飲み終わった瓶に水を詰めたまま放置したら、翌日もブショネの臭いがしっかりと。開けた時にわかっても、どうしようもないのだが……。

インドカレー✕
インドの食べ物はインドのワインで

no.53

SULA
VINEYARDS

スラ・ヴィンヤーズ
シラーズ 2013

Sula Vineyards Shiraz

参考上代	1860円　SC
産地	インド
ブドウ品種	シラーズ100%
評価	—
輸入元	出水商事　TEL 03－3964－2272

暑くなると、無性にカレーが食べたくなる。発汗を促して、体温の上昇を防ごうという、体の要求らしい。辛い食べ物とワインは合わせにくいが、インドワインならどうか。消費も増え、有名な醸造コンサルタントも進出している。スラはムンバイから少し離れた高原地帯でスパークリング、白、赤を生産する。白のシュナン・ブランは、2013年3月の世界最優秀ソムリエコンクールのブラインド試飲にも登場した。

新世界でワイン生産に乗り出す人物は時代を映す。昔は医師や弁護士、現在は金融、IT出身が多い。スラはシリコン・ヴァレーで成功した実業家が故郷で興した。おそるおそる、インド料理店（xviiページ）のカレーとナンのお供にしたら、違和感なく相乗した。黒コショーやガラムマサラと相性がいい。後口が甘くなる。カレーがもっと食べたくなるのだ。赤ワインだが、残糖がわずかにあり、それが辛さを包み込んでくれる。東京都内のインド料理レストランで人気が高いというのも納得した。土地の食べ物と飲み物は合う。鉄則だ。

これも
オススメ　—

焼き鳥 正肉✕

透明な果実味を上品な鶏脂と

no.54

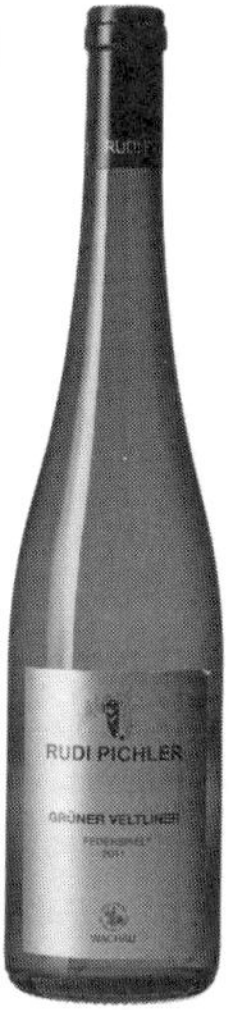
RUDI PICHLER
GRÜNER VELTLINER

ルーディ・ピヒラー グリューナー・フェルトリーナー・フェーダーシュピール 2011

Rudi Pichler Gruner Veltliner Federspiel

希望小売価格	2750円
産地	オーストリア ヴァッハウ地方
ブドウ品種	グリューナー・フェルトリーナー 100%
評価	10年が90点　WA ／ 09年が91点　IWC
輸入元	ヴォルテックス　TEL 03－5541－3223

夏

シンプルな塩の焼き鳥に何が合うか？ 東京・銀座の一つ星「バードランド」の和田利弘さんに聞いた。肉焼き名人の答えは、グリューナー・フェルトリーナーかリースリング。ビールは苦いからだめ。天然塩を振った微妙な火通しの鶏に、ミネラル感あふれる白ワインが合うという。樽香の強いシャルドネや、品種の個性が前に出るソーヴィニヨン・ブランではない。新鮮な地鶏には繊細なワインがいいのだ。

ピヒラーはオーストリアのヴァッハウでトップを行く造り手。背筋が伸びる品格と透明な果実味。山肌から染み出す清水のように純粋で、日本刀のように切れがある。小さな白い花や白コショーの香りに包まれる。フェーダーシュピールは複数の区画をブレンドしたベーシックなワイン。細部のチューニングが行き届いている。品のいい脂が染み出す焼き鳥ともぴったり。家庭で焼き鳥をおいしく食べるコツを一つ。ミニコンロに炭火を起こして温め直すのだ。面倒だが、硬くならずに肉汁がよみがえる。

これもオススメ　クノール、プラガー、ニコライホーフ

焼き鳥 レバー ×

ロブションも認めるローヌの赤

no.55

FAMILLE PERRIN
LES CORNUDS
VINSOBRES

ファミーユ・ペラン ヴァンソーブル・レ・コルニュ 2010

Famille Perrin Vinsobres Les Cornuds

希望小売価格	2300円
産地	フランス ローヌ地方南部
ブドウ品種	シラー 50%、グルナッシュ 50%
評価	89+点　WA ／ 89 〜 91点　IWC
輸入元	ジェロボーム　TEL 03－5786－3280

フランス、米国、東京、香港などに30近いミシュランの星を持つジョエル・ロブション。20世紀を代表するフレンチの巨匠が、「バードランド」を訪れて驚いた。ギガルのシャトー・ヌフ・デュ・パプがあると。1996年冬の話。ギガル当主マルセル・ギガルは初来日した際、バードランドで部位を細分化した焼き鳥に喜んでいた。フランス人は丸鶏一筋かと思っていたが、焼き鳥の繊細な美学を理解しつつある。

ローヌは北部のギガルに対して、南部はシャトー・ヌフ・デュ・パプに本拠を置くペラン家がそびえる。知名度の低い産地を意欲的に発掘している。ヴァンソーブルは南と北の境界に位置する。シラー主体の北部と、グルナッシュ主体の南部をつなぐ味わいだ。シラーはスパイシーで優雅。グルナッシュはフレッシュで果実味が豊か。両者のバランスがいい。レバーにかける唐辛子とタレの組み合わせと似ている。当主マルク・ペランは「潰したてのオリーブの香り」と。内臓に赤ワインは肉食フランス人の基本。日本人も見習おう。

これも オススメ　コンスタン・デュケノワ、グラムノン、ショーム・アルノー

串揚げ×

揚げものはジューシーなピノで

no.56

DELTA
Pinot Noir

デルタ・ヴィンヤード
マールボロ
ピノ・ノワール 2010

Delta Vineyard Marlborough Pinot Noir

希望小売価格	2390円　SC
産地	ニュージーランド 南島マールボロ
ブドウ品種	ピノ・ノワール100%
評価	87点　WA
輸入元	ミレジム　TEL 03－3233－3801

大阪では昔から串揚げ屋でワインを出してきたそうだ。お店はピンキリ。ソースの二度付け禁止の大衆店から、塩やレモンで食べさせる高級店まで。上等な店ほどソースを使わないようだ。素材をいじらないためだろう。焼き鳥もいい店ほど塩で食べさせる。高級店が力を入れるのはブルゴーニュ。揚げものだから、ジューシーなピノ・ノワールが基本的に合う。ボルドーだと格式ばりすぎ、ローヌは濃すぎる。

そうは言っても、ブルゴーニュは高価だ。困った時の新世界。ニュージーランドはピノ・ノワールもよくなっている。デルタはソーヴィニヨン・ブランで有名なマールボロの産。白ワインが成功しているのは、ピノ向けの冷涼な気候を意味する。タンニンが軽やか。野イチゴのジャムの香りがする。豚、エビやうずらの卵揚げを、塩とマスタードで頬張りたい。カジュアルなピノ・ノワールだから、難しいことを考えずに。冷やし気味がいい。スクリューキャップだから長持ち。軽量瓶を採用している。地球温暖化防止も考えている。

これもオススメ　フロム、セント・クレア、ヴィラ・マリア．

コラム

パーカーポイントは87点が狙い目

ロバート・パーカーはワイン業界で、初めて成功した起業家だ。

母親から2000ドル借りて、1978年に「ワイン・アドヴォケイト」（WA）の原型となるニュースレターを発刊した。なじみのワインショップから顧客名簿を借りて、6500部の見本誌を送った。今なら法的に許されない行為だが……軌道に乗って、農業信用金庫の弁護士を辞めるまでに7年かかった。

WAの購読者は5万人足らず。ニッチな市場だが、ワイン界で最大の影響力を持つ。ワイン専業で成功した評論家は、英国のジャンシス・ロビンソンら一握りだ。

成功の秘訣は、広告をとらず、独立した姿勢を貫くからだろう。大半のワインメディアは広告に依存している。評価はどうしても甘くなる。パーカーは容赦ない。シャトー・シュヴァル・ブラン81年を「凡庸」と評価した。その代償として、シャトーで犬をけしかけられ、足を噛まれたが……。

ベンチャー企業が売却されるのは世の常。WAも2012年末、シンガポールの実業家に売却された。その額は１５００万ドル（約12億円）。根っからのワインテイスターのパーカーは、経営の雑事に煩わされるのが嫌になったのだ。同人誌のような編集体制から、現在は８人のライターが産地を分担している。

ワイン産地は広がった。一人の帝王の宣託で、市場が動く時代でもない。「友人のＳＮＳや掲示板を参考にする人が増えた。影響力は落ちている」という米国人マスター・ソムリエもいる。それでも、ＷＡの信頼性は揺るがない。パーカーもボルドーのプリムール（先物取引）の分野では、価格を左右する影響力を保っている。

日本のワインショップはいまだに、１００点方式のパーカーポイント（ＰＰ）を商売の具に使っている。正確にはまやかしだ。「ＰＰ」と呼べるのは、パーカーが評価しているボルドー、カリフォルニア、ヴァリー（お買い得）ワインだけ。そのほかのライターの評価は、ＷＡポイントと表記すべきだ。

ともあれ、得点を妄信すべからず。お気に入りワインにいい点がついていたら、参考にする程度でいい。私のオススメは、87点前後のワイン。90点以上のワインはすぐに市場から蒸発する。おつまみ向きでもない。得点が高くなるほど、完成度が高まり、ストライクゾーンも狭くなるからだ。超絶美女につけいるすきがないように。ワインも人間も、少しすきがあるくらいがいい。

穴子握り ✕

中東の赤が時空超えて江戸前寿司と

no.57

HOCHAR
2007

シャトー・ミュザール ホシャール・ペール・エ・フィス 2007

Chateau Musar Hochard Pere et Fils

希望小売価格	3000円
産地	レバノン ベッカー高原
ブドウ品種	サンソー50%、グルナッシュ20%、カリニャン、カベルネ・ソーヴィニヨン各15%
評価	88点　WA
輸入元	ジェロボーム　TEL 03－5786－3280

ワインの起源は中東にあるという説がある。フランスにワイン造りを伝えたのは、現在のレバノンに住んでいたフェニキア人だ。6000年以上の歴史がある。暑いイメージがあるが、ベッカー高原の畑は標高1000メートルを超すから、酸が乗る。穴子の握りに合うワインを探して、この1本にたどり着いた。ヒントはシャトー・ペトリュスの当主クリスチャン・ムエックスが、ボルドーに穴子が合うと話していたから。ミュザールはボルドーとローヌ品種をブレンドする。

技術に頼らず、自然に醸している。凝縮度で勝負ではなく、滋味あふれるタイプ。色は淡く、香りは複雑。だしのうまみとともに、タバコや紅茶の葉の香りも広がる。穴子のツメのねっとりとした香りと、とろける身の味わいに調和する。この値段で、これほど熟成感のある赤ワインには出会えない。飲み頃まで待って発売している。当主セルジュ・ホシャールはボルドーで学び、レバノンを世界のワイン地図に載せた。時空を超えた味わいが江戸前の寿司に合う不思議。

これもオススメ　シャトー・ケフラヤ、マサヤ、シャトー・クサラ

鰻蒲焼き ✕

ハレの日を彩る華やかなロゼ泡

no.58

ROSÉ
Crémant de Bourgogne
"Fleur de Rosé"

ポール・ガローデ クレマン・ド・ブルゴーニュ フルール・ド・ロゼ

Paul Garaudet Cremant de Bourgogne Fleur de Rose

希望小売価格	3000円
産地	フランス ブルゴーニュ地方
ブドウ品種	シャルドネ、ピノ・ノワール
評価	—
輸入元	ミレジム　TEL 03－3233－3801

夏

鰻の蒲焼きがこんなにシャンパンに合うとは。忘れもしない。東京・麻布の「野田岩」で、クリュッグのロゼを楽しむランチが開かれた。何度か出席したクリュッグ当主との食事会で、最高の思い出となっている。ロゼにはピノ・ノワールからくる軽いタンニンがある。赤い果実や梅ジソの香りも。合いの手に食べるしば漬けの香りは、ロゼ・シャンパンにも見つかる。山椒のスパイシーな香りが両者をつないでくれる。きめ細かい泡は、鰻の脂を断ち切ってくれる。

といっても、マドンナのように、クリュッグのロゼばかり飲めない。フルール・ド・ロゼは、小さなモンテリ村に本拠を構える実力派の産物。初めて飲んだのは、世界最強のワイン誌「ワイン・アドヴォケイト」編集長を務めるリサ・ペロッティ・ブラウンとの夕食の席で。リサはマスター・オブ・ワインという最高峰の資格も持つ。変なワインが出てくるはずがない。きれいなピンク色に心が慰められる。高騰する鰻を食べるのはハレの行為。華やかな泡物がよく似合う。

これもオススメ　ドメーヌ・ティベール、ドゥデ・ノーダン、ドメーヌ・デュ・ヴィス

焼き肉✕
牛肉大国の濃厚なマルベックと

no.59

FELINO
Malbec

ヴィーニャ・コボス フェリーノ メンドーサ・マルベック 2012

Vina Cobos Felino Mendoza Malbec

希望小売価格	2500円
産地	アルゼンチン メンドーサ地方
ブドウ品種	マルベック93%、カベルネ・ソーヴィニヨン４%、メルロー３%
評価	11年が87点　WA ／ 89点　IWC
輸入元	ワイン・イン・スタイル TEL 03－5212－2271

アルゼンチンは屈指の牛肉大国だ。キロ単位で買うのが普通で、その値段が我々のグラムと同じレベル。この国の赤ワインは当然、焼いた肉に合う。チリの隣にありながら、ワインで遅れをとっていたこの国を有名にしたのがマルベック種。フランスでは熟しにくいが、アンデスの高山の畑だとうまくいく。21世紀になって生産が拡大している。当主のポール・ホブスはその基礎を築いた男。四大陸で35生産者のコンサルタントを務めるフライング・ワインメーカー。飛行距離は年間で20万マイル以上。万人受けするワイン造りを知っている。

標高千メートルの畑で栽培すると、強い紫外線でブドウの果皮が厚くなる。寒暖の差から酸が乗り、メリハリがつく。コボスは舌触りがなめらか。スミレを潰したようにフルーティーで、濃厚なブドウジュースのしなやかさも。焼き肉のくどさを和らげ、食もワインも進む。驚いたことに、懐石のお造りや揚げものとの相性もよかった。タンニンが熟しているので邪魔をしない。下手なカベルネやメルローより面白い。

これもオススメ　カテナ・サパータ、アルタ・ヴィスタ、アシャヴァル・フレール

アイスクリーム×

天国への階段通じる媚薬

no.60

クアディ エッセンシア・オレンジ・マスカット 2010

Quady Essensia Orange Muscat

希望小売価格	2000円　375mℓ
産地	米国 カリフォルニア州マデラ
ブドウ品種	オレンジ・マスカット100%
評価	—
輸入元	中川ワイン　TEL 03－3631－7979

夏

ソーテルヌの貴腐ワインを心から愛する日本人は少ないのでは。甘美な味わいが、日常からかけ離れている。日本人好みなのはマスカット種かもしれない。そのおいしさは生食ブドウで慣れている。クアディはデザートワインに特化した珍しい生産者。マスカット王の異名をとる。大手ワイナリーから転じて、自宅で甘口ワインを造り始めたという。

ミュスカ・ド・ボーム・ド・ヴニーズ（57ページ）と同様に、酒精強化されている。こちらのほうが酸がさわやか。ブドウが十分に熟していることが伝わってくる。アルコール度は15%。オレンジやマーマレードの皮の香りがムンムンと。休日の昼下がり。キンキンに冷やして、指2本分ほど飲むだけで十分だ。オレンジのシャーベットとともに。スパークリングウォーターで割って、スプリッツァーとしてリフレッシュするのもいい。眠くなったらそのまま、まどろむ。天国への階段が通じる。クアディは媚薬効果のあるハーブをブレンドしたワインも造る。甘口はそれ自体が媚薬だけれど……。

これもオススメ　レンウッド、ロバート・モンダヴィ、ブラウン・ブラザーズ

コラム

知れば知るほど、知らないことに気づく

ワインの世界に終わりはない。世界のトップを見ているとつくづく思う。

カリフォルニアのワイナリーを代表する団体「ワイン・インスティテュート」が2013年10月に開いたイベント「カリフォルニア・ワインズ・サミット」で、10カ国21人のプロたちと1週間を過ごした。各国のジャーナリスト、バイヤーらがサンフランシスコに集結し、カリフォルニアの最新の潮流を学んだ。

最も印象に残ったのは、英国のジュリア・ハーディングとジェラール・バッセだった。2人とも最難関の資格マスター・オブ・ワイン（MW）を有する（90ページ）。ジャーナリストのジュリアは、有名な評論家ジャンシス・ロビンソンと一緒に働いている。世界の1368のブドウ品種の起源や香りをまとめた『ワイン・グレープス』などの著書がある。MWの試験に一発で合格した才媛だ。

ジェラールは2010年のチリ大会で、世界最優秀ソムリエのタイトルを手にした。MW、マスター・ソムリエ（MS）、ワイン研究のMBAと大英帝国勲章（OB

温和なジェラール・バッセと、メモ帳を手放さないジュリア・ハーディング

E）という五冠を持つ唯一の人間でもある。気さくな56歳。毎朝、肩を抱きながら「サヴァ？」と挨拶してくる。

多い日は、朝昼晩3回のセッションで、50から70種のワインを試飲した。気力も体力も使い果たす。小柄なジュリアは、いつもギリギリまでパソコンに試飲コメントを打ち込んでいた。「MWに受かったのはラッキーだった。今も毎日、学んでいる。新しい産地が登場し、ワインの味は去年と今年で変わるのだから」

ジェラールは鉄人だ。世界最優秀ソムリエコンクールに挑戦すること6回。3回の2位に満足せず、四半世紀かけて頂点に立った。英国のトップソムリエたちの多くは彼の教え子だ。夫婦で所有するホテルは三人の弟子に任せ、月に一度のペースで世界を飛び回る。ホテル経営やコンサルタント業に安住するだけでも、楽な生活が送れる身分なのに。なぜワイン造りの現場にこだわるのか？

「私の趣味であり、情熱だから。旅は楽しい。学ぶことは多い。サケはいまだによくわからないし。ワインを知れば知るほど、知らないことに気づく」

謙虚さと情熱が二人のプロを支えている。

ちょっとボルドーやブルゴーニュを飲んだくらいで、わかったつもりになってはいけない。何の世界でも、頂点の人間から学ぶ教訓は多い。

第4章

秋のおつまみワイン

松茸✕
ピュアな辛口リースリングと

no.61

Schiefer Riesling
VAN VOLXEM

ファン・フォルクセン シーファー・リースリング 2012

Van Volxem Schiefer Riesling

希望小売価格	2600円
産地	ドイツ モーゼル地区
ブドウ品種	リースリング100%
評価	11年が89点　WA
輸入元	ラシーヌ　TEL 03－5366－3931

松茸は悩み多き食材だ。値段が高い。それでも、最近は韓国、中国からオレゴン、カナダ、トルコまで産地が広がり、買いやすくなった。調理に手間がかかる。焼くなら炭火が必要だ。手早く食すなら、私のオススメはバターと塩でアルミホイル焼き。香りが出たところで、取り出してかぶりつく。太いのをモギュッと。歯に食い込み、口の中が松茸の香りでいっぱい。贅沢な気分になる。

問題はワイン。日本人を魅惑する松林の下草や湿った土の香りは、熟成したワインにしかない。若いワインは果実の香りが先にたつ。10年以上たったロゼのシャンパンがベストだが、高い。赤ワインは繊細な香りを消してしまう。それなら、ピュアでミネラル感あふれるリースリングでいこう。あらゆる料理を受け止める点で、リースリング以上のものはない。モーゼルは甘口のイメージだが、ファン・フォルクセンは辛口にこだわっている。きれいな酸と、湧き出る泉のような純粋さ。昔ながらの栽培と醸造にこだわる造り手だ。

これも オススメ　クレメンス・ブッシュ、アンドレアス・J・アダム、ヴァイザー・キュンストラー

栗ご飯 ✕

ほっくりした甘みとまろやかさ

no.62

VASSE FELIX
2012
Chardonnay
MARGARET RIVER

ヴァス・フェリックス マーガレット・リヴァー シャルドネ 2012

Vasse Felix Margaret River Chardonnay

希望小売価格	3500円　SC
産地	オーストラリア 西オーストラリア州 マーガレット・リヴァー
ブドウ品種	シャルドネ100%
評価	89点　WA ／ 11年が91点　IWC ★★★★★　10年が95点　AWC
輸入元	ジェロボーム　TEL 03－5786－3280

フランス人は焼き栗が大好き。冬のパリの街角に、中東系の売り子が立っている。日本人も栗は好物。秋の栗ご飯は大人の味だ。ほっくりした甘みと渋皮の苦み。木の実の複雑な味わいが染み込んでいる。フランスワインと同様の冷たい感覚を持つシャルドネを合わせたい。ヴァス・フェリックスはオーストラリア西端のリゾートで産する。地中海性気候だが、南氷洋からの風によって酸を保っている。リンゴ酸を減らすマロラクティック発酵は回避し、澱とともに熟成する。

白桃やレモンシャーベットの香り。醸造の一部に樽を使う。まろやかだが、果実味が強すぎず、繊細。バランスがいい。懐石料理のお椀もそうだが、だしが強すぎると品がない。澱と接触させたうまみが、ご飯に染みただしと相乗する。なめらかな舌触りが、栗のふっくらした味わいに合う。女性ワインメーカーが試行錯誤を繰り返して造り出した。アルコール度は12・5%。ブルゴーニュのタッチがあるのに、暑すぎない。大柄になりがちなオーストラリアとは思えない。

これもオススメ　ケープ・メンテル、カレン、ハワード・パーク

ギンナン✕

木の実に合うナッティなシャルドネ

no.63

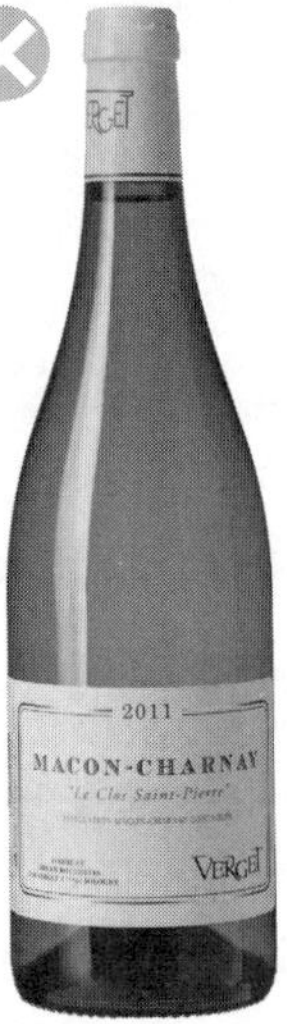
VERGET
2011
MACON-CHARNAY
"Le Clos Saint-Pierre"
VERGET

ヴェルジェ マコン・シャルネイ ル・クロ・サンピエール 2011

Verget Macon-Charnay Le Clos Saint-Pierre

希望小売価格	2600円
産地	フランス ブルゴーニュ地方
ブドウ品種	シャルドネ100%
評価	90点 WA ／ 07年が90点 IWC ★★ 10年が15点 MVF
輸入元	八田 TEL 03－3762－3121

アーモンド、落花生、ピスタチオ……あまたあるナッツのなかで最も好きなのはギンナンだ。日本人の心に響く。浴衣美人のようだ。派手さはないが、涼しげな色気がある。炒ったエメラルド色の粒に、ゲランドの塩をかける。香ばしくて、甘くて、ほっくり。これほどおいしい木の実はない。秋になると、築地市場で大粒の3Lを買う。殻をむくのは手間がかかるが、得られる喜びを考えたら、どれほどでもない。

ギンナンのナッティな香りに合うのはシャルドネ。シャンパンも悪くないが、切れがありすぎる。栗ご飯と違って、こちらには冷涼なブルゴーニュがいい。南部のマコンは、品質の向上が著しい。牽引者の一人がジャン・マリー・ギュファンスで、ネゴシアンのヴェルジェを営む。100を超す種類のワインを手掛けるが、外れが1本たりともない。ベルギーから移住してきた変わり者だが、腕は超一流。伝統にあぐらをかくコート・ドールの造り手を脅かしている。残り香にミネラルっぽい塩味。そこがまたギンナンに合う。

これもオススメ　ダニエル・バーロウ、コルディエ、ヴァレット

カツ丼✕

ガッツの丼にアルザスのオールスター

ボット・ゲイル ジャンティユ・ダルザス・メティス 2011

no.64

Bott Geyl Gentil d'Alsace Metiss

BOTT
GEYL
Gentil d'Alsace
Metiss
2011

参考上代	2000円
産地	フランス アルザス地方
ブドウ品種	ミュスカ40％、リースリング30％、シルヴァネール、ピノ・ブラン、ピノ・グリ各10％
評価	86点 IWC ／ 09年が88点 WA ★★ MVF
輸入元	ヴァンパッシオン ℡ 03－6402－5505

カツ丼はガッツをくれる。半年に一度は食べたい気分に襲われる。その時はカロリーの高さなど気にならない。映画『幸福の黄色いハンカチ』の一場面。刑務所を出た高倉健が、食堂で注文した気持ちはよくわかる。日本ではビールを飲むが、フランスならワインだろう。そう思って、たどり着いたのは、またもアルザスだった。北の地にある美食の里は豚肉を好む。ハムやソーセージなどの加工食品も発達している。国境を接するドイツの統治下にあったせいだ。

カツ丼の妙味は、カリッと揚がった衣とフワフワの溶き卵。溶き卵はだしとタマネギが決め手だ。ほの甘く、うまみがあふれているのが最良。この白ワインは、リンゴの蜜の甘さと青リンゴのさわやかさが同居。足し引きしながら、カツ丼と相乗する。ジャンティユはアルザスのオールスターだ。高貴品種と日常品種のブレンドで造られる。お手頃価格で、アルザスの多様性を味わえる。1920年代に生産され、一時は廃れていたが復活した。和食に使いでのある白ワインだ。

秋

これもオススメ　ヒューゲル、マルク・テンペ、レオン・ベイエ

コラム

もっと水を　長生きしてワインを楽しむために

ロバート・パーカーは、上から目線の評論家ではない。毎日12時間も働いて、大量のワインを試飲する。普通の人間なら、それだけでヘトヘトになってしまうが、夕食の時にもワインを飲む。楽しみのために。1本か、それ以上開けるという。本当にワインが好きなのだ。

決め文句はこれ。

「忘れないでほしい。私が仮に有名な評論家だとしても、一日の終わりには一人の消費者に戻るということを」

それで体力が持つのか？　健康の秘訣を聞いたら、

「一日に2リットルの水を飲むこと」と。

私もワインを飲む時は水を欠かさない。勢いに乗ると、シャンパンから、白、赤と飲みつなぐ。合わせると1本を超す。そんな時は1・5リットルのミネラルウォーターを飲み干す。グラス数杯でも、0・5リットル。トイレは近くなるが、翌朝に残らない。マスター・オブ・ワインたちもよく水を飲む。

飲み出すと、水に口をつけないワイン好きは多い。残り香が消えるのがもったいないからだろう。365日、ワインを飲む私は、無理やり流し込む。大量の水を飲むと、血中のアルデヒド濃度を薄め、尿とともに排出してくれる効果があるという。二日酔いを防ぐ対策として知られている。

大人数の手酌ワイン会では最初から、ミネラルウォーターを買っていく。水のサービスが間に合わないことが多いからだ。給仕人の目配りがきいたレストランは、いつのまにか、グラスに水が満たされている。そういう店は気持ちいい。ほかのサービスも抜かりがない。

ミネラルウォーターは通販が便利だ。私の好みはフランスのコントレックス。体が硬水に慣れてしまった。硬い感じが、水道水を思い出させる。レストランでコントレックスを頼むと高いので、フランスのカフェでは、もっぱら無料の水道水（カラフェ・ドーと注文）。ガブガブ水を飲むのはかっこ悪いが、見栄（みえ）よりも健康だ。

日本を代表するワイン研究家の堀賢一さんは「飲み頃が先のワインが大量にある。飲むまで死ねない。テニスをして健康を保っている」と、真剣な顔で話す。

同感。ワインを楽しむために、長生きしなければならない。

カンパチ刺身×

ねっとり脂をピノの泡で流す

no.65

フレデリック・マニャン クレマン・ド・ブルゴーニュ ブラン・ド・ノワール エクストラ・ブリュット NV

Frederic Magnien Cremant de Bourgogne Blanc de Noir Extra Brut NV

参考上代	3600円
産地	フランス ブルゴーニュ地方
ブドウ品種	ピノ・ノワール100%
評価	—
輸入元	テラヴェール　TEL 03－3568－2415

カンパチは白身と赤身の中間を行く。白身ほど淡白でなく、赤身ほど血の香りがしない。かといって、いつもロゼワインでは芸がない。そこで持ち出したのが、クレマン・ド・ブルゴーニュのブラン・ド・ノワール。黒ブドウのピノ・ノワールのみで醸す。シャンパンに代表されるスパークリングワインの多くは、白ブドウのシャルドネを混ぜる。黒ブドウのみで醸すと、重くなりがちだ。優雅で軽快な泡に仕立てるには、よいブドウと、醸造の技術が必要となる。

マニャンは驚くほど多くのワインを手掛ける造り手。自転車で畑を回り、いいブドウを買いつける。このクレマンは標高の高い畑の、樹齢の古いブドウを使用。熟成期間は24カ月間と長い。ドザージュ（糖分添加）は少量。オレンジの皮やショウガの香り。ボリューム感がある一方で、切れも失っていない。カンパチのねっとりした脂と歩調を合わせながら、きめ細かな泡で口をリフレッシュしてくれる。カツオやマグロの漬けもいけるが、カンパチとのバランスがベストだった。

これもオススメ　ルー・デュモン、アンリ・ボワイヨ、ヴァンサン・デュルイユ・ジャンティアル

ネギトロ丼✕

マグロの小宇宙にピンクの泡

no.66

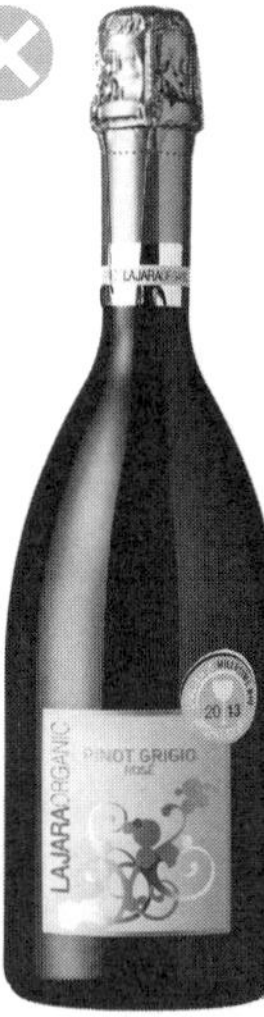
LAJARA ORGANIC
PINOT GRIGIO
ROSE
2013

ラ・ジャラ ピノ・グリージョ・ロゼ スプマンテ

La Jara Pinot Grigio Rose Spumante

参考上代	2000円
産地	イタリア ヴェネト州
ブドウ品種	ピノ・グリージョ 100%
評価	—
輸入元	ファインズ　TEL 03－5745－2190

日本人のDNAに刻まれたマグロ。食感、きめ細かな脂、血と鉄の香り。魚と肉の中間を行く魅力を備えている。握りもいいが、そのすべてを小宇宙に閉じ込めた丼は偉大な発明品だ。血と鉄の香りは、赤ワイン向きだが、普通の赤では強すぎる。スパークリングなら、泡がすべてを解決してくれる。私が目をつけたのはロゼの泡。色合わせもいい。ピノ・グリージョ主体では規定上、プロセッコを名乗れないが、有機栽培の認証を受けており、自然な味わいが気に入った。

雑味がない。かすかなタンニンがトロの鉄分と調和し、泡が脂を切ってくれる。ピノ・グリージョは80年代以降に人気の出た品種。ロゼに向いている。プロセッコと同じく、タンクで二次発酵する。瓶内二次発酵のシャンパンやフランチャコルタより低く見られるが、馬鹿にしたものではない。寿司はそもそも屋台で始まった庶民の食べ物。ロゼのシャンパンを合わせれば最高だが、日々飲めるこちらのほうが懐に優しい。ストッパーをして、3日間にわたって飲みつないだ。

これも オススメ　カ・ディ・ライオ、ヴォガ、コッラヴィーニ

マグロのカルパッチョ ✕ シチリアの土着ワインで

AZIENDA AGRICOLA
COS
2009
CERASUOLO DI VITTORIA
CLASSICO
PRODOTTO IN ITALIA

no.67

C. O. S. チェラスオーロ・ディ・ヴィットリア 2009

C.O.S. Cerasuolo di Vittoria

参考上代	3300円
産地	イタリア シチリア島
ブドウ品種	ネーロ・ダーヴォラ60%、フラッパート40%
評価	92点　WA／07年が89点　IWC 1グラス　GR
輸入元	テラヴェール　TEL 03－3568－2415

シチリア人のマグロ好きは日本人に負けない。マグロ漁が盛んで、市場で生マグロを売っている。マグロに合うワインも当然ある。血と鉄分のうまさに合わせるなら赤を。「C. O. S.」はチェラスオーロ・ディ・ヴィットリアという地元ワインの規範を示す造り手だ。いつものワサビ醤油を忘れて、イタリア風にカルパッチョで。難しいことはない。血を紙タオルでぬぐい、オリーブオイル、レモンをかけて、塩とハーブを散らすだけ。好みでバルサミコやニンニクもどうぞ。

タンニンの強い重厚なネーロ・ダーヴォラと、酸のあるみずみずしいフラッパート。両極の品種がきれいに調和している。熟したチェリーとタバコの香りが同時に広がり、口の中でジューシーな液体が踊る。シチリアの青い空と海が目の前に広がった。しなやかなタンニンがマグロの複雑な香味と溶け合う。もう一杯とつい手が伸びるマグロワインだ。ビオディナミに取り組み、陶器の壺アンフォラも一部ワインの醸造に使う。島の南部に本拠を置く、若くて意欲的な造り手だ。

これもオススメ　グルフィ、プラネタ、ヴァッレ・デッラカーテ

イカ刺し✕

柚子胡椒でMWの冷涼ワインと

no.68

GOOD
WINe
Pinot
grigio

グッドワイン ピノ・グリージョ 2012

GOODWINe Pinot Grigio

希望小売価格	1619円　SC
産地	オーストラリア 南オーストラリア州
ブドウ品種	ピノ・グリージョ 100%
評価	—
輸入元	盛田トレーディングカンパニー TEL 052－223－1655

イカは偉い。モチッとした口当たり。なまめかしい舌触り。とろける甘み。上品な後味。毎日食べても飽きない。淡白だが、筋の通った味わいには、強すぎず、でも、主張のある白ワインを合わせたい。冗談のような名前のこのワイン。日本から初めてマスター・オブ・ワイン（MW）を取得したネッド・グッドウィン（91ページ）が手掛ける。最高峰の資格を持つ男が、南オーストラリアの冷涼な産地のブドウから仕込んだ。安価だが、精妙なバランス感があり、味わい深い。

ピノ・グリージョは、カリフォルニアやオーストラリアでも人気が上がっている。グッドワインはアルコール度11・5%。飲むたびに癒やされ、ホッとする。青いハーブの香り。スルスルとノドを滑り落ちる。中間はふくらみ、しみじみとした余韻が後を引く。自然派ワインを好むネッドらしい、無理のない繊細なまとめ方だ。生姜醤油は強すぎる。箸の先にちょっとつけた醤油と柚子胡椒で十分。ピリッと辛くて香り高い柚子胡椒は、いろいろなワインと橋渡しをしてくれる。

秋

これもオススメ　デ・ボルトリ、ナインス・アイランド、オックスフォード・ランディング

コラム

飲み残しから始まるワインとの恋愛

開けたら、その日に飲みきらなければ——そう思っている人は多い。私も昔はそうだった。つい飲みすぎる。飲み残しを保存する道具も買った。瓶内の空気を抜いたり、窒素ガスを充塡(じゅうてん)したり……面倒くさくなった。今では3通りの方法に絞られた。コルクをさす。小瓶に移す。ストッパーをする。

泡のないワインの場合。4分の1ほど飲んだら、コルクをして冷蔵庫に突っ込めばいい。数日間は問題ない。ブルゴーニュのトップドメーヌ、メオ・カミュゼ当主のジャン・ニコラ・メオも、この方法を勧めていた。デキャンティングすると香りが飛ぶ恐れがあるが、少量の空気に触れるだけなら、香味が発展すると。

ロマネ・コンティに隣接するラ・ロマネという畑がある。ドメーヌ・デュ・コント・リジェ・ベレールが、そこから4000本の希少品を世に出す。試飲ワインはハーフボトル入りだった。普通の瓶に詰めて供すると、売る分がなくなる。ハーフなら残しても、酸化が進みにくい。次に訪れるゲストにもそのまま出せる。

ただ、飲みかけ瓶が冷蔵庫に林立すると邪魔になる。半分ほど飲んだら、ガラスの小瓶に移す。最適なのはペリエの330ミリリットル瓶。キャップを締めれば横に倒せる。ペットボトルは勧めない。酸素をよく通すから。難点は小瓶が増えると、中身がわからなくなること。ラベルに書いたほうがいい。

スパークリングワインは、さすがにストッパーがいる。1000円前後で売っている。一度買うと長く使える。香港に旅行した時のこと。いつもの旅用ストッパーを忘れてしまった。寝酒にシャンパンが飲みたくなった。スーパーで、手頃なものを買って、ワインのコルク栓をさしておいた。2日はおいしく飲めた。いいシャンパンは、ガスが抜けてもおいしい。ジャック・セロス当主のカリスマ、アンセルムも語っていた。「シャンパンはシャンパンである前にワイン」と。

本書のワインはすべて、そうした方法で飲みつないだ。3週間かけたものもある。香りや味がストンと落ちたものはない。むしろ発展した。白ワインは酸の角がとれて、複雑な香りに進化。赤ワインは、タンニンがまろやかになり、さまざまな香りが湧き上がってきた。初デートの緊張感もいいが、回を重ねるたびに、隠れていた魅力を発見する喜びにはかなわない。

ワインとの恋愛は、飲み残しから始まる。

イカスミのスパゲティ ⊗

まったりした味に太陽のワイン

no.69

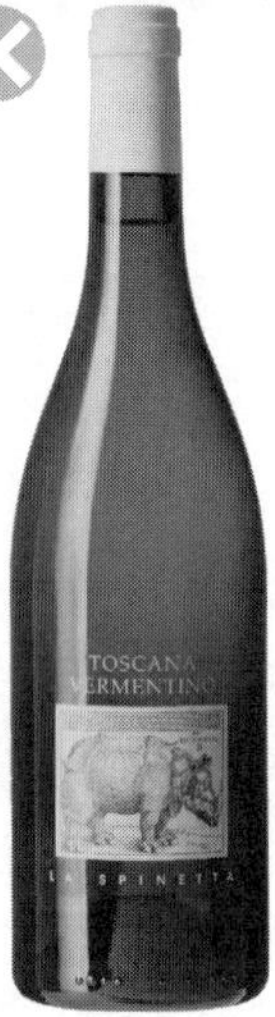
TOSCANA
VERMENTINO
LA SPINETTA

ラ・スピネッタ ヴェルメンティーノ・トスカーナ 2011

La Spinetta Vermentino Toscana

オープン価格	3536円（参考価格）
産地	イタリア トスカーナ州
ブドウ品種	ヴェルメンティーノ100%
評価	★★★　GR
輸入元	モンテ物産　TEL 0120－348－566

日本は世界一のイカ消費国だが、イタリアとスペインも負けていない。イカスミ料理があるのが侮れない。内臓を仕込む塩辛も偉いが、アミノ酸の塊であるイカスミを食べようと考えついたのも立派。何せ真っ黒なのだから。生涯で最もおいしかったイカスミのスパゲティは、トスカーナ・ティレニア海に面したレストランで食べた。小さなイカをたくさん使い、日本とは違うレシピ。ご馳走してくれたイタリアワインの帝王アンジェロ・ガイヤが言った。「こんなにおいしい料理はない。誰にでも魅力がわかるだろう」と。

そう思う。バルバレスコで有名な男が注文したのがトスカーナ産ヴェルメンティーノだった。黄桃やアプリコットジャムの香り。熟したゴールデン・デリシャスをかじるようだ。イカスミのまったりした濃厚な味わいと合う。生産者が勧める組み合わせに間違いはない。イタリアの南部に下ると、ヴェルメンティーノはもっと濃くなる。トスカーナくらいの強さがちょうどいい。紺碧の海を思い出させる太陽のワインだ。

これもオススメ　グラッタマッコ、ガッルーラ、セッラ・エ・モスカ

カルボナーラ ✕

濃厚さ鎮めるアルプス下ろしの白

アロイス・ラゲデール ピノ・グリージョ・ヴィニェーティ・デッレ・ドロミティ 2012

no.70

Alois Lageder Pinot Grigio Vigneti Delle Dolomiti

希望小売価格	2500円　SC
産地	イタリア トレンティーノ・アルト・アディジェ州
ブドウ品種	ピノ・グリージョ
評価	09年が88点　WA
輸入元	ジェロボーム　TEL 03－5786－3280

カルボナーラは作りがいがある。コツはいい卵の黄身を使うこと。カリカリに炒めたパンチェッタを脂ごと黄身入りのボウルに入れて、ペコリーノ・ロマーノを削り入れる。麺が茹で上がったら、すかさず混ぜる。最後に黒コショー。ローマ近郊の山中できこりが栄養補給に考案したというこのパスタ。バターやクリームを多用するイタリア北部の白に合う。赤ワインではいささか重い。アルプス下ろしの冷たい風が吹くトレンティーノ・アルト・アディジェ州は、涼しげな白を生む。ラゲデールは有機栽培のリーダーの一人だ。

熟した桃やオレンジの花の香り。雪解け水を思わせるみずみずしさのなかに、ふくらみもしっかりと。ビオディナミに由来するしみじみとした滋味が広がる。ちょっと冷たい感触が、カルボナーラの濃厚さを鎮める。ワイン単体でも止まらないほどおいしい。パスタがあると、さらに飲んでしまう。ラベルはキラキラしたミネラル感をうまく表現している。スクリューキャップもうれしい。1週間は進化する。

これもオススメ　コルテレンツィオ、ホフスタッター、サン・ミケーレ・アッピアーノ

イカのフリット ✖
三つ星が認めた香り進化系

no.71

espelt
Quinze roures
2011

エスペルト
キンセ・ロウレス 2011

Espelt Quinze Roures

希望小売価格	2800円
産地	スペイン カタルーニャ州
ブドウ品種	ガルナッチャ・ブランカ、ガルナッチャ・グリ
評価	—
輸入元	ワイナリー和泉屋　TEL 03－3963－3217

美食革命を先導したスペインのレストラン「エル・ブジ」。世界の最高峰に立ち続け、惜しくも閉店した。優れたワインのコレクションでも知られた。高価なワインばかりではない。この白ワインもリストを飾った1本。三つ星が認めた理由が一口目でわかった。カタルーニャの暑さを感じさせない。フレッシュで、切れがある。ライムやハーブの香り。しばらくすると、果実の厚みがグッと持ち上がり、ローヌの白ワインと似たボリューム感が出てくる。桃のコンポートやアカシアのハチミツなど、香りが自在に進化していく。

1週間ほど飲みつないだが、衰える気配はない。構造がしっかりしている。エスペルトはスペインの大手ワイナリー。大手ならではの安定感と高品質を両立させている。産地はバルセロナに近いから、魚介類が合う。私のオススメはイカのフリット。塩と白コショーを軽く振って。日本式イカの天ぷらでもいい。バルセロナ近辺は、パエリヤやバルのタパスにもイカを多用するイカ天国。合わないわけがない。

これもオススメ　アクースティック、ボデガス・アバニコ、シエラ・ノルテ

そばがき

そば粉ガレットの変形、リンゴ発泡酒と

no.72

SIDRE
BRUT
Eric Bordelet

エリック・ボルドレ シードル ブリュット

Eric Bordelet Sydre Brut

希望小売価格	1600円
産地	フランス ノルマンディー地方
品種	リンゴ
評価	—
輸入元	アルカン　TEL 03－3664－6551

パリから4時間のドライブ。ノルマンディーはフランスらしくない。北国を思わせる。寒いから、ブドウの樹が育たない。リンゴやナシなど、果樹をいたるところで見かける。モン・サン・ミッシェルに向かう道沿いの土産物屋は、シードルだらけだ。リンゴを発酵させて造る発泡性のアルコール。これがそば粉のガレットに合う。ガレットは卵やハムを包んでバターで焼く立派な料理だ。ランチはこれとシードルばかりだった。古くからの組み合わせの魅力には勝てない。

そば粉つながりで考えたのがそばがき。そばを打つのは大変だが、これなら難しくない。そば粉を熱湯で練れば、できあがり。ワサビ醤油で食す。シードルとぴったり。ちょっと金属的な硬い香りが、そばがきを食べると、まろやかになり、ふくらみが出る。ガレットはバターで焼く。そばがきにもバターを落とすとさらにいい。反則技だが。ボルドレはシードルで何本かの指に入る造り手。リンゴの蜜の熟した香りがする。刺身や肉ジャガとも意外にいける。

これもオススメ ドメーヌ・デュ・フォール・マネル、ル・セリエ・ド・ボール、シードルリー・デュ・ヴュルカン

コラム

エスニックフードに合うワインとは

エスニックフードが好きだ。夏になると、タイ料理や四川料理のことばかり考えている。自家用ジェット機を所有していたら、実現したい夢がある。金曜の夜に香港に飛んで、週末は飲茶（ヤムチャ）や屋台三昧をするのだ。

ただ、合わせるワインは難しい。香港の広東料理レストランは、どこもかしこもボルドーだらけ。名門「福臨門酒家」でも、フカヒレのスープやアワビを食べながら、大ぶりのグラスをグルグル回している。ちょっと違う。海鮮料理が主体なのだから。私は、肉料理のことも考え、いつもロゼ・シャンパンを持ちこむ。

エスニックフードに合わせるなら、香りの高いワインがいい。アロマティック品種のゲヴュルツトラミネール（１０９ページ）は筆頭候補だ。ゲヴュルツトラミネールには、ライチやバラ、白檀（びゃくだん）の香りがある。華やかで、コクがある。ＸＯ醤、甜麺醤など多彩な醤（ジャン）を使った中華料理には大活躍する。リースリングも負けていない。ほのかに甘口のタイプなら、スパイシーな四川料理とよく合う。

麝香（じゃこう）の香りがするミュスカや、南仏ローヌの白ワインも面白い。ローヌ北部コンドリューのヴィオニエ種は、ゲヴュルツトラミネールと似た芳香性がある。アプリコットやバラの花の香り。辛すぎないベトナム料理の揚げ春巻と相性がよかった。ルーサンヌとマルサンヌ種を使うエルミタージュの白には、白コショー、ジャスミン、老酒（ラオチュウ）に通じる酸化した香りもある。これらローヌのワインは高価だが、同じ品種がカリフォルニアやオーストラリアでも栽培されている。気軽に試せていい。

赤ワインも忘れてはいけない。焼き肉を食べにソウルに旅した際は、ジゴンダスを手で運んだ。グルナッシュ主体。これが驚くほど、コチュジャンをつけた甘辛い肉にあった。グルナッシュやシラーズには、黒コショーのスパイシーな香りがある。酸が控えめで、アルコール度が高い。ちょっと甘めのタレとも相乗した。オーストラリアでは、グルナッシュやシラーから、安くておいしいワインをたくさん造っている。カリフォルニアのジンファンデルも、屋外のバーベキューで活躍する。

ボルドーだと、メルロやカベルネ・ソーヴィニヨンは合わせにくい。品がありすぎるのだ。カリフォルニアならいいかもしれない。アルコール度が高くて、ボリューム感があるものが甘めのタレと合う。

ビールでお腹をふくらますより、ワインで相性をふくらませるほうが楽しい。

肉まん⊗

ゴーンCEOも出資　香りの万華鏡

no.73

Altitudes
IXSIR

イクシール
アルティテュード 白 2012

Ixsir Altitudes

希望小売価格	2000円
産地	レバノン ベッカー高原
ブドウ品種	ミュスカ40%、ヴィオニエ30%、ソーヴィニヨン・ブラン、セミヨン各15%
評価	—
輸入元	エノテカ　TEL 03－3280－6258

日本で最も有名な経営者の一人カルロス・ゴーン。レバノン系の親の下、ブラジルで生まれ、フランスで育ったカリスマが投資するのがイクシールだ。エリートだけに、将来性を見抜く目は鋭い。「不老不死」の意味を持つイクシールは、新世界と旧世界の中間を行くワインだ。栽培や醸造の手法はフランス流。品種もフランスを見習っているが、表現する産地の特色は中東のベッカー高原。そこが面白い。

ミュスカもヴィオニエも、エキゾチックな芳香性が高い。南国の果実、ピンクの花、中東のスパイス……熱帯の植物園に迷い込んだようだ。トロリとした粘性。名前の通り、畑の標高が高いので、暑すぎる感じはない。香りの万華鏡にはエスニックフード。八角、シイタケなど、オリエンタルな香りを詰め込んだ肉まんがふさわしい。餃子（33ページ）もそうだが、中華料理は華やかなミュスカと合う。料理に香辛料を多用するレバノンで産するから、中華に合うのも不思議はない。長い歴史を誇る中東と中国のマリアージュだ。

これもオススメ　ドメーヌ・デ・トゥレール、カラム、ヤルデン

豚の角煮✕

紹興酒に対抗　腰の強さとスパイス感

no.74

Baby
Bad
Boy

ジャン・リュック・テュヌヴァン ベイビー・バッド・ボーイ 2010

Jean-Luc Thunevin Baby Bad Boy

参考上代	2800円
産地	フランス サンテミリオン、モーリー
ブドウ品種	メルロ70%、グルナッシュ 30%
評価	—
輸入元	徳岡　Tel 06－6251－4560

豚の角煮は土地でレシピが違う。私の好みは上海のレストランで食べた東坡肉（トンポーロー）。紹興酒とオイスターソースを組み合わせて、こってりと仕上げる。八角や山椒を使ったスパイシーな味わい。肉が舌の上でとろけ、スパイスの余韻が後を引く。中途半端なワインは負ける。重量感と凝縮度が求められる。ベイビー・バッド・ボーイは、ボルドーの風雲児が、サンテミリオンと南仏のブドウで醸す自由な発想のワイン。評論家ロバート・パーカーが、ジャン・リュックを「バッド・ボーイ」（悪ガキ）と呼んだことから命名された。

メルロのしなやかさと、グルナッシュの柔らかさがブレンドされ、アジア系香辛料の香りもある。15％のアルコール度。紹興酒に対抗できる腰の強さもある。冷やし気味で、果実味を強調したほうが、飲みやすいだろう。ジャン・リュックはシャトー・ヴァランドローで、ボルドーにガレージワイン革命を起こした男。ディスコ店員から、格付けシャトーの所有者にのし上がった。努力家だが、気さくないい男だ。

秋

これもオススメ　カランドレ、マス・アミエル、テール・ド・ファゲラ

肉豆腐×

ワインとタマネギ　響き合う甘み

no.75

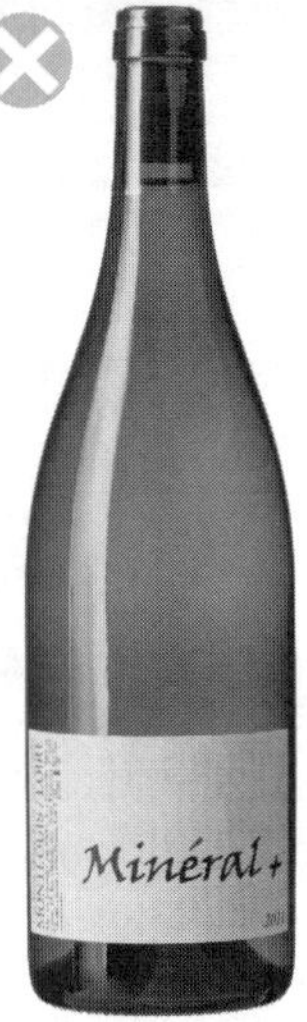
Minéral+

フランツ・ソーモン
モンルイ・シュール・ロワール
ミネラル+ 2011

Frantz Saumon Montlouis Sur Loire Mineral+

参考上代	3300円
産地	フランス ロワール地方
ブドウ品種	シュナン・ブラン100%
評価	―
輸入元	ディオニー　TEL 03－5778－0170

タマネギは偉い。父親のように重厚な牛肉と、母親のように優しい豆腐にはさまれて、分をわきまえている。クタクタに煮込まれて、両者をとりもつのが仕事だ。最大の役割はうまみを吸い込むこと。フランスのオニオングラタンも、タマネギの存在なしでは考えられない。

肉豆腐にはビールがいい、と思っていたら、ロワールの白が合った。シュナン・ブラン種は、ヴーヴレやサヴニエールが有名だが、狙い目はモンルイ・シュール・ロワール。優れた造り手が相次いで登場している。ソーモンはホープの一人。このワインはネゴシアン物だが、水準は高い。よく熟して、エネルギーが詰まっている。辛口なのに、甘みを感じる。熟したカリンやパイナップルジュースの香り。冷涼なロワールからは考えられない南国のニュアンス。その味わいがタマネギの甘みと響き合う。水晶を溶かしこんだようなミネラル感。ミネラル+という名前はだてではない。土中の栄養を吸収したタマネギと合う。ロワールは探索しがいのある産地だ。

これもオススメ　タイユ・オー・ループ、フランソワ・シデーヌ、ドメーヌ・デュ・ロシェ・デ・ヴィオレット

がめ煮×

土の香りとジューシーな赤

no.76

WINE MEN OF GOTHAM
SHIRAZ GRENACHE 2012

ワインメン・オブ・ゴッサム シラーズ・グルナッシュ 2012

Wine Men of Gotham Shiraz Grenache

希望小売価格	1100円　SC
産地	オーストラリア
ブドウ品種	シラーズ60%、グルナッシュ 40%
評価	11年が85点　WA
輸入元	ミレジム　Tel 03－3233－3801

高価な高級ワインを造るのは難しくない。資本と技術さえあれば、あるレベルまでいける。安くて、万人受けするワインを大量生産するのは容易ではない。バットマンで有名なゴッサムの名前を借りたこのワインの造り手は、小売商から生産者に転じた。飲み手が欲しいワインをよくわかっている。「最高のコストパフォーマンスを誇るワイン造り」が夢だという。樽とステンレスタンクをうまく組み合わせ、洗練されたバランスときれいな果実味を引き出している。

単体で飲むより、食事と合わせて生きるワインだ。好物のがめ煮を合わせた。ゴボウ、里芋、シイタケ……土の香りを吸い込んだ鶏肉の柔らかさと味わい深さ。複雑な香味に、ジューシーなグルナッシュとスパイシーなシラーズのバランス感がよく合った。フルーティーなので、がめ煮のしつこさを丸めてくれる。調理する際に、ほんの少し加えると、さらにマッチするだろう。すき焼きやバーベキューにも合いそうだ。少し冷やして、果実味を立たせてから。

秋

これもオススメ　ピラーボックス、クーヌンガ・ヒル、リチャード・ハミルトン

コラム

低めの温度から始めよう

レストランのワインは高すぎる。そう思う愛好家は多いだろう。持ち込みしたくなるのも無理はない。カリフォルニアの三つ星「フレンチ・ランドリー」の抜栓料は50ドル。それでも安い。50ドルを切るボトルはほとんどないから。

だが、お金を払うに値するワインバーやレストランもある。ソムリエがプロの技を披露してくれる店だ。高価なグラス、適温での提供、料理合わせ。最も盗みたいテクは適温でのサービスだ。グラスはだれでも買えるが、最もおいしい温度で飲ませるのは、膨大な経験がないと難しい。

一般論として、甘口は5度前後、泡物は10度以下、辛口白は8～12度、赤ワインは12～18度が目安になる。ただ、温度計でそのたびに測るのも面倒だろう。ボトルを冷蔵庫で冷やしておいた前提で説明しよう。

甘口は最も簡単。冷蔵庫から出してそのまま飲めばいい。カバやクレマン・ド・ブルゴーニュなどのスパークリングワイン。春から秋は冷蔵庫から出してすぐに。

夏はグラスの温度が高いからすぐ温まる。氷水を入れたバケツで冷やし直す必要もある。冬は30分ほど前に出してから。泡物は高価になるほど、高めの温度がいい。白ワインに近づける。安いものはきっちり冷やすと、あらが目立たない。

辛口白は経験がいる。夏と秋は冷蔵庫からそのまま。冬と春は30分前に。最初はグラスを手で包んで温度を上げる。酸と果実のバランスがよく、香りのたつポイントを見つけよう。アルコール度が14%を超す新世界の白は、低めにするとむせる感じが消える。低くすると酸がたち、高くすると果実味が前に出る。おとなしめの料理には低め、クリーミーな料理は高めでボリューム感を出してもいい。

赤は一言で言えない。夏は冷蔵庫から1時間前、ほかの季節は2時間前を目安に。色の濃いボルドーなどは高め、淡いブルゴーニュなどは低め。ただ、カリフォルニアなどアルコール度が高いものは、低めにして締めるといい。やや冷たいかなと思うくらいから始めるとうまくいく。ぬるいものを冷やし直すのは手間がかかる。

プロが試飲する生産者のセラーの室温は12~14度だ。温度が上がると香りがたつ。その変化を楽しもう。シャルドネなら、低い温度だと果実や花の香りが目立っていたのが、グラスを手で温めると、キノコやハチミツの香りを感じやすくなる。おつまみと合わせる場合も、低めのほうがうまくいく。

チャーシュー×
サンジョヴェーゼの掘り出し物と

no.77

MORIS
MORELLINO
di
SCANSANO
VENDEMMIA 2010

モリスファームズ
モレッリーノ・ディ・スカンサーノ
2011

Morisfarms Morellino di Scansano

参考上代	2100円
産地	イタリア トスカーナ州
ブドウ品種	サンジョヴェーゼ90%、シラー、カベルネ・ソーヴィニヨン10%
評価	89点　WA／1グラス　GR
輸入元	稲葉　TEL 052－301－1441

香港に行くと必ず食べるのが、レストラン「ダイナスティ（満福樓）」の「蜜汁叉焼（チャーシュー）」だ。生肉のように柔らかい。繊維からにじむ肉汁が、甘くてスパイシーなソースと交わる。永遠に噛み続けたい。骨をしゃぶる犬の気分。いろいろ試したら、トスカーナのサンジョヴェーゼがよかった。トスカーナは、牛と豚の骨付きステーキが名物。サンジョヴェーゼは、キアンティ・クラッシコが有名だが、海沿いのモレッリーノ・ディ・スカンサーノは掘り出し物だ。

サンジョヴェーゼは涼しいキアンティ地区に向くが、早飲みするとやや堅い。モレッリーノ地区は適度に温暖で、よく熟す。恵まれた気候にひかれて、大手生産者が進出している。

モリスファームズの歴史は浅いが、栽培と醸造に優れたコンサルタントを迎えて、品質は盤石。生き生きと果実味が躍る。酸が低く、タンニンはこなれている。黒オリーブをすりつぶした香りが、チャーシューの香辛料とぴったり。値上がり気味のキアンティからは考えられないお値打ちだ。

これもオススメ　テヌータ・ベルグァルド、レ・プピッレ、マリアーノ・エバ

きんぴらゴボウ ✕
ブルゴーニュの神様の後継者の赤と

no.78

2010
BOURGOGNE
BENJAMIN LEROUX

バンジャマン・ルルー ブルゴーニュ 赤 2010

Benjamin Leroux Bourgogne Rouge

希望小売価格	3000円
産地	フランス ブルゴーニュ地方
ブドウ品種	ピノ・ノワール100%
評価	87 ～ 88点　WA
輸入元	ベリー・ブラザーズ&ラッド TEL 03－5220－5491

38歳のルルーはブルゴーニュのホープだ。29歳で、名門ドメーヌ・コント・アルマンの醸造責任者となった。権威ある評論家アレン・メドウズは、ブルゴーニュの神様と呼ばれた故アンリ・ジャイエの後継者の一人にあげている。専門家が認めた本物だ。2007年に始めたネゴシアンは世界の注目を集めている。ブルゴーニュACという広域格付けだが、使われているのはサントネとサン・トーバンの1級畑のもの。たっぷりした、純粋で透明な果実味、梅ジソやブルーベリーの香り。砂利をなめるようなミネラル感に縁取られている。

きんぴらゴボウは、ゴボウやニンジンなど根菜類の香りを楽しむ料理。「いいワインにはゴボウの香りがする」。シャンパンのカリスマ、アンセルム・セロスから聞いた言葉だ。ゴボウの香りとは、土臭さを感じるということ。ルルーの中で最も手頃なこのワインにも、フワリと土の香りが漂う。ブルゴーニュの白にも同様の感覚がある。冷やし気味から始めて、香りの変化を楽しみたい。

これもオススメ　アルノー・ラショー、ドミニク・ローラン、オリヴィエ・ギュイヨ

キノコのホイル焼き×
森の茂みの香りをピノ・ノワールと

no.79

2010
Bourgogne
Hautes Côtes de Nuits

ドメーヌ・グロ・フレール・エ・スール ブルゴーニュ オート・コート・ド・ニュイ 2010

Domaine Gros Frere et Soeur Bourgogne Hautes Cotes de Nuits

希望小売価格	3100円
産地	フランス ブルゴーニュ地方
ブドウ品種	ピノ・ノワール100%
評価	86 ～ 87点　WA
輸入元	八田　TEL 03－3762－3121

どの国にも自慢のキノコがある。フランスはセップに黒トリュフ、イタリアはポルチーニに白トリュフ、そして、日本はシメジと松茸。熟成したワインは、土地のキノコの香りをまとう。植物は土から生まれ、土に帰る。若いうちはフルーツの香りがして、年をとると種などのスパイスになり、最後は地面の香りになる。ブルゴーニュのピノ・ノワールは、サイクルに伴う香りの変化がわかりやすい。若くても、土っぽさがあり、シイタケやシメジのホイル焼きと相乗する。

ホイル焼きに醤油は使わない。香りが強すぎる。バターとゲランドの塩をかけて、軽く包んで、オーブントースターに入れるだけ。匂いがたったらできあがり。森の茂みの香り、染み出すだし的なうまみを、バターが仲介して、ピノ・ノワールと合う。グロ・フレール・エ・スールは、聖地ヴォーヌ・ロマネに居を構えるグロ一族の次男ベルナールが率いる。オート・コート・ド・ニュイは涼しい地区だが、きれいに熟した果実味がある。バランスがいい。

これもオススメ　ダヴィド・デュヴァン、ジャイエ・ジル、ジャン・タルディ

馬刺し×
馬肉食いのピエモンテの万能赤と

no.80

コリーノ
バルベラ・ダルバ 2011

Corino Barbera d'Alaba

希望小売価格	2600円
産地	イタリア ピエモンテ州
ブドウ品種	バルベラ100%
評価	88点　WA ／ 08年が90点　IWC
輸入元	八田　TEL 03－3762－3121

馬刺しは病みつきになる。トロのように柔らかいが、和牛のくどい脂肪はなく、鉄っぽい香りがある。ビタミンもカルシウムも、牛や豚よりはるかに多い。ヘルシーでおいしい。新鮮なら臭みもない。よく食べる長野や熊本の人々がうらやましい。「山のふもと」という意味のピエモンテ。ここの名物料理が馬肉のタルタルだ。ワインも合うに違いない。日常用赤ワインのバルベラを試したら、当たりだった。

ピエモンテで、上級のバローロを飲むのはお祝いの時だけ。普段は何でもバルベラを開ける。黒砂糖、甘苦系スパイス、鉄サビっぽい香り。果実味が凝縮しているのに、酸もしっかりある。品種の独特な個性が、肉のうまみはあるのに、脂肪の少ない馬刺しと協調する。線が太いので、ショウガやニンニクを使うタレの強さに負けない。オリーブオイルでカルパッチョもいい。わかりやすいおいしさ。バローロの3分の1の値段だが、楽しさは負けない。しかも早くから楽しめる。少し冷やして、酸を引き締めて飲むといい。

これもオススメ　コッポ、カ・ヴィオラ、アルビーノ・ロッカ

コラム

カリフォルニアは最もエキサイティングな産地

歴史の歯車がゴロリと動く瞬間がある。ワイン界では、1976年にパリで開かれた試飲会がそれにあたる。「パリスの審判」と呼ばれる。

ロマネ・コンティ社の共同経営者らフランスの専門家が、ボルドー、ブルゴーニュの銘醸ワインと、カリフォルニアの無名なワインを、ブラインド試飲で評価した。結果は、カリフォルニア勢が赤白ともにトップ。「タイム」誌がこのニュースを報じ、カリフォルニアは世界のワイン地図に載った。30年後に開かれたリターンマッチでも、カリフォルニア勢は優勢で、赤はトップに立った。

米国建国200周年の76年、イーグルスは「ホテル・カリフォルニア」で物質文明の行き詰まりを歌ったが、カリフォルニアワインの進撃は、ここから始まった。引退した大学教授や実業家たちが、アメリカンドリームを追い求めた。最新の技術を導入し、試行錯誤を繰り返した。お手本はフランスだった。

それからほぼ40年。〝逆転現象〟が2013年7月に起きた。ボルドー1級シャトー・ラトゥールのオーナーが、歴史的なアイズリー・ヴィンヤードを有するナパ・ヴァレーのアローホ・エステートを買収したのだ。いずれも19世紀から認められている卓越した畑からワインを産する。絶対優位と見られてきたフランスの生産者が、カリフォルニアに、ニュー・フロンティアを見出した意義は大きい。

価格だけなら、カリフォルニアのカルトワインは、ボルドーをしのいでいる。カルトの頂点スクリーミング・イーグルは、850ドルで顧客に売り出され、市場では2000ドル以上で取引される。ここの入念に設(しつら)えられた醸造施設には心底驚いた。区画に対応した特製の小型発酵槽が並んでいる。世界のどこにも、これほど資金と知恵をつぎこんだ施設を見たことはない。

2013年10月に開かれた「カリフォルニア・ワインズ・サミット」でも、急速な進化を目の当たりにした。シャブリのように冷涼感のあるシャルドネ、ロマネ・コンティのように優雅なピノ・ノワール、洗練されたイタリア品種……カリフォルニアが力強いビッグワインという認識は昔の話。カリフォルニアが国なら、フランス、イタリア、スペインに次いで世界で4番目の生産国なのだ。多様性と品質の進化が著しい。オセアニアや南米など後に続いた新世界のお手本ともなっている。カリフォルニアは今、最もエキサイティングな産地だ。

第5章

冬のおつまみワイン

雑煮✕

アミノ酸が生むうまみの相乗

no.81

DOMAINE CARNEROS
2008

ドメーヌ・カーネロス ブリュット 2009

Domaine Carneros Brut

希望小売価格	3000円
産地	米国 カリフォルニア州
ブドウ品種	シャルドネ41%、ピノ・ノワール59%
評価	07年が88点　IWC
輸入元	日本リカー　TEL 03－5643－9770

雑煮にお屠蘇。不動の組み合わせと思っていたら、思わぬ相方が現れた。熟成したシャンパンだ。約20年間、寝かせたマグナム瓶を、東京・新橋の「京味」で白味噌の雑煮に合わせた。雑煮のふくよかさが押し出され、シャンパンが丸くなった。幸多き組み合わせ。最高の相性だった。味噌は発酵食品。糖分とアミノ酸によるメイラード反応（xiページ）で、複雑な香味が生まれる。シャンパンも酵母の澱から生まれるアミノ酸のうまみがある。うまみの相乗効果を実感した。

それならと、持ち出したのがカリフォルニアのスパークリング。シャンパンのテタンジェ社が、合弁で生産する。本場には及ばないが、涼しさと堅さを感じさせるのがいい。カリフォルニアの泡物は、熟しすぎて、酸の足りないものが多い。これは冷涼なカーネロスで有機栽培する自社畑のブドウを使う。サン・パブロ湾からの霧の影響で、引き締まっている。若いヴィンテージは奇跡の結婚とはいかないが、うまみの調和は味わえる。正月にめでたい泡は欠かせない。

これもオススメ　ロデレール・エステート、マム・ナパ、シュラムスバーグ

カニ ✕

お祝い事にホワイトハウス公認の泡を

no.82

KORBEL
KORBEL
California Sparkling Wine
Brut

コーベル ブリュット

Kobel Brut

参考価格	2740円
産地	米国 カリフォルニア州
ブドウ品種	ピノ・ノワール、シャルドネ、シュナン・ブラン、フレンチ・コロンバード
評価	—
輸入元	サントリーワインインターナショナル TEL 0120－139－380

Ｆ１で有名になったシャンパン・ファイト。米大リーグやプロ野球の優勝祝いにも広まっている。米国ではシャンパンではなく、カリフォルニア産スパークリングワインを使う。人気が高いのはコーベル。大統領の就任式典にも登場する。１９８５年のレーガンから２０１３年のオバマまで、８回も供された。１８８２年創業の、米国人が誇るバブリーだ。

シャンパンとは別物。品種も異なる。カリフォルニアだから、やや熟した感はあるが、バランスはいい。ブラッドオレンジやショウガの香り。余韻のほのかな甘みが、日本人にはむしろなじみやすい。茹でたカニにつける三杯酢を思い出させる。そこに接点もあるが、私は途中から、溶かしバターに切り替える。耐熱容器に入れたバターを電子レンジで溶かすだけ。このほうが相性はよい。スパークリングワインは、冷涼な畑のブドウを使うから、乳製品のほうがしっくりくる。紅白のカニは見ているだけでめでたい。何かとお祝い事の多い冬に備えておきたいスパークラーだ。

冬

これもオススメ　アイアン・ホース、クックス、グロリア・フェラー

クリームコロッケ ×

流れ出すクリームにミルキーな白を

no.83

ミルトン・ヴィンヤーズ クレイジー・バイ・ネイチャー ショットベリー・シャルドネ 2012

Millton Vineyards Crazy by Nature Shotberry Chardonnay

CRAZY by NATURE
SHOTBERRY CHARDONNAY
GISBORNE 2011
Millton

希望小売価格	2100円　SC
産地	ニュージランド 北島ギズボーン
ブドウ品種	シャルドネ100%
評価	10年が88点　WA
輸入元	アプレヴ・トレーディング TEL 03－3667－5450

ヨーロッパの食文化はバター圏とオリーブオイル圏に分かれる。涼しい北部では牛を飼い、バターを使う料理が発展した。オリーブの樹が育つ南部は、オリーブオイルを使う。シャルドネ種はどこでも栽培しやすいが、冷涼な土地で本領を発揮する。クリームやバターを使う料理と相性がいい。ミルトンは冷涼なニュージーランド北島の沿岸部に本拠を構える。ビオディナミの先駆者。公的な認証も受けている。化学薬品は使わず、肥料は牛糞やブドウの搾りかすを使う。

涼しさと海風を感じる。フレッシュな果実味と心地よい酸。ほのかにグアバやメロンの香り。ミルキーな口当たりが、クリームコロッケのトロトロの味わいとマッチする。クリームコロッケを嫌いな日本人はいないだろう。トローリと流れ出すクリームを、ご飯とでなく、つまみにするのも楽しい。ウスターソースはつけずそのままで。ショットベリーとは、低温で開花がうまくいかなかった時につける小さなブドウの実。収穫量は減るが、凝縮したワインができる。

これもオススメ　ブランコット、マチュア、オデッセイ

明太子スパゲティ ×
プチプチの粒と泡の共演

no.84

BISOL
BISOL
CREDE
VALDOBBIADENE
BRUT

ビソル クレーデ ヴァルドッビアデーネ・プロセッコ・スペリオーレ・ブリュット 2011

Bisol Crede Valdobbiadene Prosecco Superiore Brut

希望小売価格	2500円
産地	イタリア ヴェネト州
ブドウ品種	グレーラ（プロセッコ）85%、ピノ・ビアンコ10%、ヴェルディーソ5%
評価	89点　IWC／10年が89点　WA
輸入元	エノテカ　TEL 03－3667－6258

プロセッコはイタリア北部産のスパークリングワイン。英国や米国で人気が爆発している。泡物の王様シャンパンが不景気で停滞するなかで、安い価格と品質向上を武器に各国で売れている。密閉したタンク内で二次発酵させるシャルマー方式で造る。愛好家は馬鹿にしがちだが、その分、コストが安い。食前に一口。飲み残しても、罪悪感を感じない。ストッパーをしておけば、数日間はおいしく飲める。

ビソルはプロセッコで五本の指に入る生産者。シャンパーニュのコート・デ・ブラン地区に比肩する北向き急斜面のブドウを使う。現地では生ハムやパニーニのあてにすると、生産者から聞いた。生ハムの強い塩味に向くのだから、明太子スパゲティはどうか。試したら、よく合った。青リンゴ、洋ナシの香りと勢いのある泡。明太子の粒と泡のプチプチ感が楽しい。残糖も少なくて、後味もキリッとしている。シャンパンに固執する必要はない。泡物はシャンパンばかり飲んでいる私が言うのだから間違いない。

これもオススメ　ベッレンダ、カネッラ、カーサ・ヴィニコラ

コラム

勝負靴より普段履きの靴を大切に

高価すぎるワインは食事に向かない。

何を?と思うだろうが真実だ。高価なワインは限定された畑の特色を表現している。例えば、ロマネ・コンティ。ブルゴーニュ地方ヴォーヌ・ロマネ村のわずか1・8ヘクタールの畑から生まれる。その赤ワインにはほかの畑にない個性が刻まれる。約6000本の生産量をめぐって、毎年、世界で争奪戦が起きる。

ロマネ・コンティは料理を選ぶ。選ばないと申し訳ない。リチャード・オルニーの名著『ロマネ・コンティ』には、シトー修道院が造る牛乳製のチーズ「シトー」が合うと書いてある。上品で淡白。地元のチーズだから、手に入りにくい。

高価なワインの許容範囲は狭い。風土や気候を反映したテロワールを映し出すからだ。ボルドー・メドックの赤ワインは、ポイヤック村の子羊に合うが、右岸ポムロールの赤だと微妙に違うように思える。

来日したワインメーカーのディナーで、星付きフレンチがワインに合わせたコースを組んでくれる場合がある。シェフが事前に飲んで、知恵を絞る。例外的な料理といってもいい。上等なワインとの相性を探るのは、それだけ手間がかかるのだ。そこにソムリエの価値もあるのだが……。

ワイン単体と、おつまみに合わせた時の価値は違う。手頃なワインから、それ自体の品質が高く、応用範囲の広いものを探したい。安かろう、まずかろうはもちろんだめ。安かろう、うまかろうで、懐が深ければ言うことはない。ワイン好きは、単体の価値のみを追い求める罠(わな)に陥りやすい。

偉大なワインは存在する。歴史的な背景と造り手の苦労から生まれるワインが。その全容を理解するには、一定の蓄積と能力が必要となる。経験を積んでからでも遅くはない。私は20年以上前、ロマネ・コンティ1972年を飲んで感動したが、その魅力の半分もわかっていなかった。今でもまだ道は遠い。

高貴な美女がいたとしても、エスコートできる知識と財力がなければどうしようもない。バツの悪い思いをするだけ。それなら、半径3メートルでデート相手を探し、身の丈に合うワインを用意したほうがいい。それでも十分に楽しめる。飽き足りなくなったら、階段を上ればいい。

高価な勝負靴に大枚をはたくより、普段履きの靴を充実させるほうが大切だ。

あん肝✖

泡と海のフォアグラ　欲望の発生装置

no.85

ニーノ・フランコ
ヴィニェト・デッラ・リヴァ・ディ・サン・フロリアーノ ヴァルドッビアデーネ・プロセッコ・スペリオーレ 2010

Nino Franco Vigneto della Riva di San Froliano Valdobbiadene Prosecco Superiore

Nino Franco
Nino Franco

希望小売価格	2500円
産地	イタリア ヴェネト州
ブドウ品種	グレーラ（プロセッコ）100%
評価	90点　WA ／ 11年が3グラス　GR
輸入元	アルカン　TEL 03－3664－6551

海のフォアグラといわれるあん肝に、ソーテルヌは合わない。動物の肝と魚の肝は違う。フォアグラはやはり動物の内臓だ。獣の脂が強い。舌の上でとろける食感は同じだが。あん肝はプランクトンの香りがする。ダイバーならわかるだろう。海底の精気が濃縮されている。陸のワインは合わせにくい。シャンパンはかつて海底にあった畑から産するが、予算をはみ出す。ニーノ・フランコは、英米の雑誌がプロセッコ特集を組んだら必ず登場するトップ生産者。石灰質土壌の斜面から、ミネラル感あふれるプロセッコをものにする。

よくある青リンゴの香りではない。熟した黄桃や赤いリンゴの香り。さわやかさより、ふくよかな印象が先に立つが、シャープな切れもある。酢醤油でも、バターソテーで食べるのでもいい。あん肝のコクとネットリ感が黄色の果実香と合う。クリーミーな泡は、肝のしっとりした舌触りと調和。舌がねじれて絡み合うようにエロチック。肉感的な取り合わせだ。泡物と海のフォアグラは欲望の発生装置なのだった。

これもオススメ　アダミ、ザルデット、ミオネット

ピータン

甘苦さとねっとり食感を泡で愛撫

no.86

ギィ・アミオ
クレマン・ド・ブルゴーニュ
ブリュット NV

Guy Amiot Cremant de Bourgogne Brut NV

Amiot
CRÉMANT DE BOURGOGNE
BRUT

希望小売価格	3500円
産地	フランス ブルゴーニュ地方
ブドウ品種	シャルドネ、ピノ・ノワール、アリゴテ各3分の1
評価	—
輸入元	ラック・コーポレーション TEL 03－3586－7501

香港で必ずテイクアウトする料理がある。ガチョウのローストで有名な鏞記（ヨンキー）酒家のピータン。ポイントは熟成期間。長いとアンモニア臭が出る。短いと物足りない。ここは28～30日間でジャストな状態。ホテルでシャンパンと合わせる。日本に持ち帰ると、食べ頃を過ぎる。1個10香港ドルのささやかな贅沢だ。見た目はえぐいが、金属的な甘苦さとねっとりした食感が癖になる。店では甘酢ショウガと一緒に食べる。香味の似たシャンパンに合うのは当然だ。

　シャンパンの代わりにまたも、クレマン・ド・ブルゴーニュを。アミオはアリゴテ種がブレンドされ、酸味がしっかりしている。白ワインの王様モンラッシェも世に出す優れた造り手が手掛ける。トロリと溶ける黄身。粘りつく食感が色っぽい。石灰や鉛を感じる複雑な風味。そこに、泡立つ液体を流し込む。一気に甘くなる。唇の裏側の粘膜を舌で愛撫されるような感覚だ。アムールに生きるフランス人も、この官能的な悦びは知らないだろう。アジア人の特権だ。

これもオススメ　オーレリアン・ヴェルデ、ブルーノ・クラヴリエ、フランソワ・ミクルスキー

生ハム ✕

ドブロク感覚で　飲みすぎるのが難

no.87

ダリオ・プリンチッチ ヴィノ・ビアンコ・ヴェネツィア・ジュリア 2011

Dario Princic Vino Bianco Venezia Giulia

DarioPrinčič
BIANCO
bianco
Venezia Giulia

参考上代	3200円
産地	イタリア　フリウリ・ヴェネツィア・ジュリア州
ブドウ品種	シャルドネ45%、ソーヴィニヨン35%、ピノ・グリージョ 20%
評価	—
輸入元	テラヴェール　TEL 03－3568－2415

イタリアの生ハムはパルマが有名だが、私の好みはフリウリのサン・ダニエーレ。アルプス下ろしの風でうまみが凝縮する。現地に行くと、造り手が夕方から、地元の白ワインを飲みながらつまんでいる。それをスローフードとも、地産地消とも言う。生ハムはメロンを添えるくらいだから、白ワインに合うが、ダリオは少し変わっている。果皮と一緒に赤ワインのように発酵させる。白ワインは通常、圧搾して出る果汁を発酵させる。フリウリには同様の造り手が多い。

長い醸しでタンニンが抽出されて、色合いはシェリーのように濃い。ブドウの果皮を噛みしめるような自然な味わい。気難しさはない。ブドウ果汁を飲んでいるようだ。日本酒で言えばドブロク。はまると癖になる。ダリオが経営する居酒屋で出している。気取らず、生ハムと合わせて、グビグビといきたい。この白ワイン、実は一夜漬けのキュウリやナスのお新香にも合う。生ハムとピクルスが合うのと同じ原理。ますますグラスが進む。つい飲みすぎるのが欠点だ。

これもオススメ　レ・ドゥエ・テッレ、ボルク・ドトン、カステッラーダ

スモークサーモン×

共通項は柑橘とハーブの香り

no.88

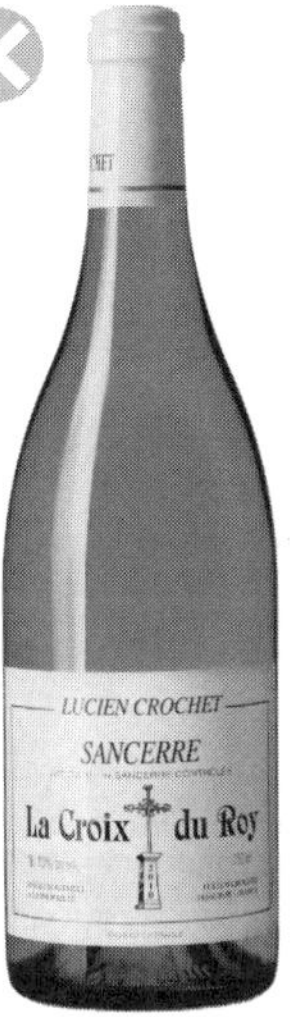
LUCIEN CROCHET
SANCERRE
La Croix du Roy

リュシアン・クロシェ サンセール ラ・クロワ・デュ・ロワ 2011

Lucien Crochet Sancerre La Croix du Roy

希望小売価格	3100円
産地	フランス ロワール地方
ブドウ品種	ソーヴィニヨン・ブラン100%
評価	90～91点　WA
輸入元	スマイル　TEL 03－5998－2400

フランス人にとって、スモークサーモンは日本のマグロに近い存在だ。クリスマスのパリ。専門店や百貨店で、毛皮姿のマダムが買いだめしている。師走の築地市場で、マグロに列をなす風景を連想した。最高級のサーモンはスコットランドの天然物。肉厚の一切れが千円もする。肉食が基本の大陸国家フランスで、サケだけは別格。内陸部で手に入る貴重な魚だった。燻製によって、ねっとりした脂が際立ち、燻した香りが食欲を刺激する。今や寿司ネタにもなっている。

ロワールはスコットランドと並ぶ産地。大西洋から長いロワール川を遡上するサケは、料理人ジョエル・ロブションも絶賛する。上流で産するサンセールを定番で合わせる。洋ナシやメロンの香り。深みがあって、爽快な余韻が長く続く。レモンや香草をかける感覚で、サーモンの脂を切りながら、香りをふくらませる。クロシェは最上の造り手の一人。十字架の立つ畑から完熟したブドウを手摘みし、アルコール度は13%を超す。息子ジルの代に替わって品質は無欠だ。

これもオススメ　ヴァシュロン、アルフォンス・メロー、コタ

コラム

バジルをかけるだけで、イタリアの風が吹く

約20年前、米国の南部や中西部をルーツ音楽の取材で回った。3週間の長旅。当時は和食店などない。毎日が肉ばかり。終着点のニューヨークで、居酒屋に飛び込んだ。ほっとした。味噌汁やご飯にではない。安いつまみにかかったシソやミョウガに。ハーブの香りに日本人の血を実感したのだ。

固有のハーブやスパイスをかいだ瞬間に、料理の国籍を感じる。香港の空港に降りたとたんに漂う八角の香り。お椀から香りたつユズ。トマトのパスタに散らしたバジル。シブレット（細ネギ）をかけただけで、冷凍グラタンがいきなりフランス料理らしく見えてくる。ヨーロッパのハーブやスパイスを、ちょっとでも使えば、そこで産するワインとの接点が生まれる。

瓶入りの乾燥ハーブを揃えよう。バジル、イタリアンパセリ、ローズマリー、タイム、クローブ。コショーなら、黒と白以外に、緑や赤も揃えたい。バジルやローズマリーは、イタリアで自生している。パスタや焼き肉に、ひと振りするだけで、

イタリアの風を運んでくる。タイムを魚料理にかけると、フランス料理の匂いがする。ハムにグリーン・ペッパーをまぶせば、パリのビストロの雰囲気が出る。

海外のシェフはこのスパイス使いに長けている。

カリフォルニアのナパ・ヴァレーにある三つ星レストラン「フレンチ・ランドリー」。全米で最も予約困難と言われ、億万長者が自家用機で食事に来る。シェフのトーマス・ケラーは、ニューヨークにも三つ星レストランを展開し、全米に8個の星を有する。総本山フレンチ・ランドリーの料理は、フレンチがベースだが、各国の料理をうまくフュージョンしている。

ケラーの着想の大きな源が和食。カンパチやトロの名が、そのままメニューに載っている。松茸のブイヨンも使う。ユズやワサビも当たり前。ジャパニーズタッチが、伝統的なフレンチに飽き足らない食通に受けている。私はハーブやスパイス使いから和食のエッセンスを感じ、懐しさを覚えた。そのテクニックを裏返して、日本の食卓に取り入れよう。

素材やソースを現地通りに再現するのは難しい。スパイスやハーブ使いなら、手軽にできる。和の惣菜に振りかけるだけで、ワインに接近する。1瓶の値段などたかがしれている。まずは試してみよう。

生ガキ✕

磯の香のシャブリ　レモン代わりに

no.89

DROUHIN・VAUDON
CHABLIS
2011
Joseph Drouhin

ドルーアン・ヴォードン シャブリ 2012

Drouhin Vaudon Chablis

参考上代	2600円　SC
産地	フランス ブルゴーニュ地方
ブドウ品種	シャルドネ100%
評価	—
輸入元	三国ワイン　℡ 03－5542－3939

生ガキが好きだ。広島産が最高と思っていたら、フランスのブロン産も悪くない。パリで食べまくったことがある。1ダースは軽い。定番はシャブリ。強い酸の殺菌効果で食あたりを防ぐ狙いから、この組み合わせが生まれた。風味も実際にマッチする。ヌルヌルした身から、磯の香りが広がる。岩にはりつく藻、水中でたゆたう海草、潮の流れ……海底のイメージが目の前に広がる。トロリとのどをすべり落ちて、甘い余韻が後を引く。まさに海のミルクだ。

生ガキが手に入らなければ、カキフライを。何もかけずにそのままで。ワインがレモン代わりだ。熱々を噛むと、口の中に汁がピュッとはじける。火打ち石にヨード香。すべてがシャブリの香りにも含まれている。ドルーアンは星付きレストランが常備する信頼のメゾン。ブルゴーニュの中心ボーヌの街に本拠を置くが、60年代の早い時期に、はるか北のシャブリの畑を購入した。優雅で、柔らかいスタイル。女性醸造責任者ヴェロニクの典雅さが、味わいにも表れている。

これもオススメ　パトリック・ピウズ、ビロー・シモン、ラ・シャブリジェンヌ

ヒラメ刺身✖

魚ワイン　カルパッチョ感覚で

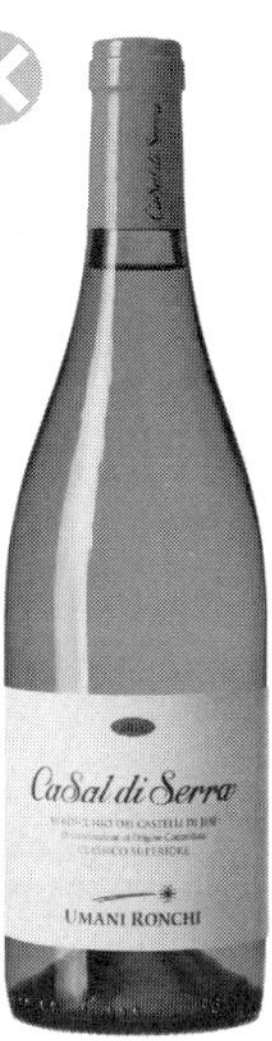

CaSal di Serra
UMANI RONCHI

ウマニ・ロンキ　*no.90*

カサル・ディ・セッラ ヴェルディッキオ・デイ・カステッリ・ディ・イエージ・クラッシコ・スペリオーレ 2012

Umani Ronchi Casal di Serra Verdicchio dei Castelli di Jesi Classico Superiore

オープン価格	2142円（参考価格）
産地	イタリア マルケ州
ブドウ品種	ヴェルディッキオ100%
評価	11年が90点　WA ／ 91点　IWC ★　09年が3グラス　GR
輸入元	モンテ物産　TEL 0120－348－566

海沿い産地のワインは魚介が、山岳のワインには獣肉が合う。イタリア北東部のマルケ州は、アドリア海に面する。魚食いの人々が多い。ヴェルディッキオは魚型瓶の安ワインと見なされてきた。過去の話だ。今は気合の入った造り手も多い。ウマニ・ロンキはリーダーの一人。海岸に近い畑から、品種に由来するライムの皮やアーモンドの香りがするワインを産する。後味に塩っぽさが残る。

白身の刺身を白ワインに合わせる秘訣を、イタリアの専門家、山田久扇子（くみこ）さんに教わった。オリーブオイルを仲人にするのだ。醤油とオリーブオイルを一滴ずつ小皿にたらす。ワサビをのせた切り身で両方を軽くなでて口へ。一気にワインとの距離が近くなる。カルパッチョと同じ発想だが、ちょっとだけつけるのがコツ。オリーブオイルが魚の風味を覆ってしまわない。魚介全般に使えるテクだ。フランス内陸部は、鮮度に問題があったため、魚料理が発達してこなかった。海に囲まれたイタリアは、魚ワインの宝庫だ。

これも オススメ　サルタレッリ、ライラ、ブッチ

タコのカルパッチョ ×

世界が注目　リアス式海岸が生む白と

no.91

La Caña

ホルヘ・オルドネス
ボデガス・ラ・カーニャ 2012

Jorge Ordonez Bodegas La Cana

希望小売価格	2700円
産地	スペイン ガリシア州リアス・バイシャス
ブドウ品種	アルバリーニョ 100%
評価	91点　IWC ／ 11年が89点　WA 92点　PG
輸入元	ミレジム　TEL 03－3233－3801

ニューヨークやカリフォルニアの三つ星で、アルバリーニョが熱い。グラスで供される。世界中の客を受け入れる米国のレストランは、手頃で、おいしいワインを探す名人だ。リアス・バイシャスはスペイン北西部のリアス式海岸の沿岸部で産する。オルドネスはロバート・パーカーが評価して火がついたネゴシアン。無名な産地の伝統品種を発掘している。ノーベル賞を受賞した京都大・山中伸弥教授のストックホルムでの晩餐会で、ここのデザートワインが供された。

グラスを揺らすと、白桃、レモングラスの香りが湧きあがる。輝くミネラル感。透明な果実。余韻も長い。海のワインと呼ばれるだけあり、海産物が合う。簡単なのはタコのカルパッチョ。茹でたタコにオリーブオイルをかけ回し、塩とコショーを振っただけでおいしい。パセリや小ネギをちらせばより本格的。ミネラル感同士が引き立て合い、スパイシーな香りが響き合う。レモンはかけずにそのまま。癖になるマッチングだ。こんなワインが輸入されていることを喜ぼう。

これもオススメ　フォルハス・デル・サルネス、ヘラルド・メンデス、サンチャゴ・ルイス

焼きエビ×

スペインから、ブルゴーニュのライバル

no.92

GODELLO
A
CoRoA

アデガス・ア・コロア ア・コロア 2011

Adegas A Coroa A Coroa

希望小売価格	3000円
産地	スペイン ガリシア州バルデオラス
ブドウ品種	ゴデージョ 100%
評価	91点　IWC ／ 08年が90点　WA 89点　PG
輸入元	ワイナリー和泉屋 Tel 03－3963－3217

ガリシアには日本人好みの白ワインが眠っている。ゴデージョはアルバリーニョと並ぶ注目の白ワイン品種。ブルゴーニュのピュリニー・モンラッシェと比較する評論家も少なくない。アルバリーニョほど酸は強くない。青リンゴやイチジクの香り。なめらかだが、芯は通っている。酸が果実をしっかり支えている。スペインは陽光きらめく土地ばかりではない。ガリシアのイメージは日本海側。降水量が多く、平均気温も低い。果実は熟しているのに、冷たい感触。ブルゴーニュと比べたくなるのも当然だろう。

リッチな料理を受け止める懐の深さもあるが、やはり海のものにこだわりたい。例えば、エビを塩で焼いただけの串焼きや、伊勢エビの鬼殻焼きと。うまみ、甘さ、殻の香ばしさと調和する。生の魚介と合わせても、生臭くならない。ステンレスタンクで醸造されているからだろう。それにしてもお買い得だ。この値段では、ブルゴーニュの水っぽい白を買うのがせいぜい。スペインワインは探索のしがいがある。

これも オススメ　ギマロ、ギティアン、テルモ・ロドリゲス

コラム

食は冒険　イタリアの醤油を常備

オリーブオイルはイタリアの醤油だ。かけるだけで、何でもおいしくなる。イタリア料理の調理法が簡素なのは、オリーブオイルがあるせいではないか。

上等なオリーブオイルを1本常備しよう。2000円も出せば十分。安くはないが、香りが違う。ちょっとかける程度なら、長持ちする。酸化する前に早く使ったほうがいいけれども。

オリーブオイルを使うと、イタリアワインと合う。パンに浸すだけで、イタリアワインを呼ぶ。これがバターだと、やはりフランスワインだ。話はそれるが、イタリアのきちんとしたレストランの卓上に、オリーブオイルを入れた小皿はない。トスカーナで、有名生産者アンティノリのディナーに招かれた時もそうだった。現地のスタッフに聞いたら、「それは米国人が考え出した習慣。イタリアでは一般的でない」と。日本の上等な和食店に醤油がないのと同じだろう。

北部の一部を除いて、イタリア全土でオリーブオイルを産する。最も有名なのはトスカーナ州だ。キアンティ地区のワインショップを訪ねると、有名生産者のオイルを売っている。これがまた、生産者のワインと合う。フォントディ（65ページ）やカステッロ・ディ・アマは、敷地内にブドウ畑とオリーブの樹が共生している。同じ太陽の光を浴び、雨風を受け、大地に根を張っている。合うのは当たり前だ。

スペインも優れたオリーブオイルを産する。フランス・プロヴァンスやカリフォルニアも生産している。スペイン・プリオラートのカリスマ、アルバロ・パラシオスや、カリフォルニアのオーパス・ワンの非売品も味わった。それぞれ個性的な味わいだった。ワインと同じく、土地の風土を映す。ピリッと刺激的な味、ナッティなコクがあったり、フルーツのように甘かったり……。イタリアのレストランでは、新たなオイルが出回る時期に、オリーブの品種別に試飲する。新酒のようだ。

和の食材も、オリーブオイルを使うだけで、イタリアワインに近づく。刺身や寿司には、箸の先端でオイルをちょっとつける。カルパッチョ感覚だ（171ページ）。スパイシーなトスカーナより、北部リグーリアあたりのまろやかなオイルがいい。冷奴（94ページ）もオリーブオイルと塩で食べれば、イタリアワインとぴったり。バジルをちらしても楽しい。いつも醤油とネギでは飽きてしまう。

食は冒険がなければつまらない。

おでん✕

粘性とフレッシュ感　複雑なだし風味と

no.93

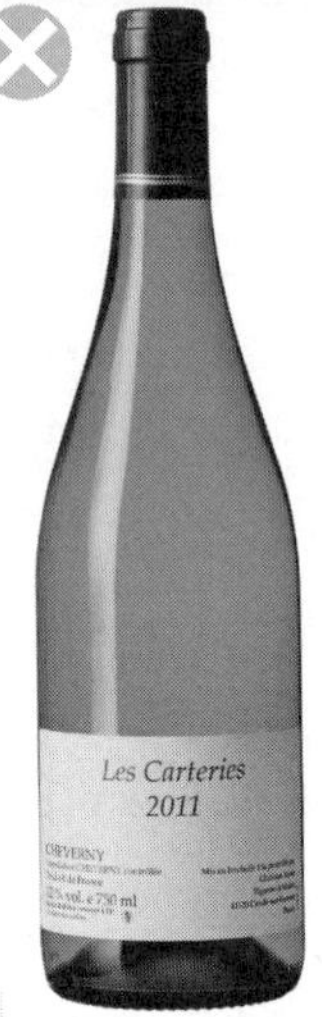

クリスチャン・ヴニエ シュヴェルニー レ・カルトリー 2011

Christian Venier Cheverny Les Carteries

希望小売価格	2500円
産地	フランス ロワール地方
ブドウ品種	ソーヴィニヨン・グリ、シャルドネ
評価	—
輸入元	ヴォルテックス　TEL 03－5541－3223

ロワールは有機栽培のメッカだ。造り手たちは情報交換を行い、横のつながりが強い。一人を掘り当てると、芋づる式に優れた生産者が見つかる。ヴニエは事故死したクリスチャン・ショサールの下で働いていた。自然派リーダーのティエリー・ピュズラは従兄弟だ。栽培も醸造も人為的な操作を排している。畑で農薬は使わず、自然酵母で発酵させる。自然な味わいが体にしみわたる。オレンジジュースで言えば、メーカーの缶入りと自分の手搾りくらいの違いを感じる。

ソーヴィニヨン・グリはソーヴィニヨン・ブランの亜種。栽培が難しいので、廃れてしまった。ピンクの果皮をしていて、パッションフルーツや桃の香りがする。それをバターっぽいシャルドネとブレンドして、独特な味わいが生まれた。トロリとした粘性とフレッシュな酸。後味に鉱物的なミネラル感が残る。華やかな香味のなかに、うまみと緊張感を秘めた不思議なワインだ。昆布だしで、多彩なタネを煮込んだおでんの複雑な味わいともよかった。

これもオススメ　フィリップ・テシエ、ドメーヌ・デ・ウアー、ル・クロ・ド・ティエ・ブッフ

卯の花⊗

組み合わせの妙　エキスとミネラル感

no.94

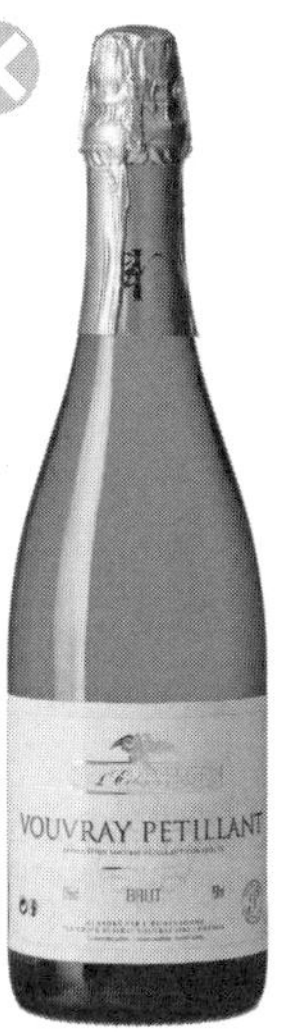
VOUVRAY PETILLANT
BRUT

ユエ　ヴーヴレイ・ペティヤン・キュヴェ・レシャンソン・ブリュットNV

Huet Vouvray Petillant Cuvee l'Echansonne Brut

参考上代	3100円
産地	フランス ロワール地方
ブドウ品種	シュナン・ブラン100%
評価	★★★　MVF
輸入元	ヴァンパッシオン　TEL 03－6402－5505

もっと卯の花を食べよう。豆腐の残りかすとして捨ててしまうのはもったいない。食物繊維の多いヘルシー食品だ。不思議なことに、これが泡物に合う。シャンパン、カバ、クレマン……何でもいけるが、ロワールの高品質なペティヤンを合わせるのも粋だ。ペティヤンはガス圧が低いスパークリングのこと。シャンパンは6気圧だが、ペティヤンはその半分程度しかない。泡の細かさはおよばないが、口当たりが柔らかい。刺激の苦手な日本人にはむしろ向いている。

ユエはロワールの偉大な生産者。甘口も辛口も優れているが、スパークリングも抜かりはない。リンゴの蜜、ハチミツの香り。果物のエキスが詰まっている。その裏側で、ミネラル感としっかりした酸が支えている。卯の花はだしで煮て、ニンジンやシイタケを混ぜ合わせている。土の香りが立ち上がり、香りが相乗する。ポソポソとした舌触りと、なめらかな泡の食感が補い合う。ワインのほうが勝っている感もあるが、この組み合わせの妙は捨てがたい。

これもオススメ　ドメーヌ・デュ・クロ・ノーダン、ヴァンサン・カレーム、ジョルジュ・ブリュネ

ポテトグラタン×

お買い得マコン　クリーミーなときめき

no.95

Viré-Clessé
·L'Epinet·
20
10
RIJCKAERT

ジャン・リケール ヴィレ・クレッセ・レ・ピネ 2010

Jean Rijckaert Vire-Clesse L'Epinet

希望小売価格	3100円
産地	フランス ブルゴーニュ地方
ブドウ品種	シャルドネ100%
評価	09年が91点　WA 09年が14.5点　MVF
輸入元	ミレジム　TEL 03－3233－3801

世界標準のシャルドネとピノ・ノワールを生むブルゴーニュ。白の狙い目はマコンだ。協同組合向けの安ワインが多かったが、一流ドメーヌの進出が始まっている。リケールは90年代に、マコンの可能性を世界に広めた先駆者。ヴェルジェ（128ページ）のジャン・マリー・ギュファンスと共に働き、1997年に独立した。リケールもヴェルジェも、地上で最もお買い得なブルゴーニュを世に出している。フランスの星付きレストランのワインリストの常連だ。

ブルゴーニュの白には、乳酸系のクリーミーさがある。濃厚なバターの香りを呼ぶ。グラタンのベシャメルソースもその一つだ。具はポテトでも、エビでもいいが、シャルドネのためにあるような料理だ。お互いにミルキーな口当たり。ソースが口中でワインと一体になる感覚がある。濃厚なソースをなめながら、冷たい感触のシャルドネをすするのはたまらない。癖になる取り合わせだ。グラタンが濃厚になればなるほど、ワインとの距離も近づく。

これもオススメ　シャトー・ド・フュイッセ、オリヴィエ・メルラン、ロアリー

しゃぶしゃぶ×

ごまの香ばしさとナッティな香り

no.96

ROY
2011
Côteaux Bourguignons
Appellation Contrôlée

メゾン・ルロワ
コトー・ブルギニヨン 2011

Maison Leroy Coteaux Bourguignons

希望小売価格	2500円
産地	フランス ブルゴーニュ地方
ブドウ品種	シャルドネ100%
評価	—
輸入元	グッドリブ　TEL 03－6280－0884

しゃぶしゃぶにはごまだれ派だ。ポン酢はワインのつけいるすきがない。霜降り肉をさっぱりと食べるためのタレだ。世界がそこで完結してしまう。ごまだれは白ワイン向きだ。シャルドネと相性がいい。霜降り肉の脂肪のクリーミーさとごまの香ばしさが、樽で熟成したシャルドネに合う。ルロワのワインは樽使いが上品。ベーシックな価格帯の白ワインも、ヘーゼルナッツの心地よい香りに魅了される。香りだけではない。クリーミーな口当たりも息が合っている。

マダム・ルロワはブルゴーニュの最高峰に立つ造り手。かつてはロマネ・コンティも手掛けた。メゾン・ルロワはネゴシアン（ワイン商）。シャネルしか着ない目利きのマダムが、埋もれた蔵を訪ねて、優れたワインを買い付けている。ルロワのラベルがある以上、満足は保証されている。失望させられたことはない。高値で知られるが、これは株式を所有する高島屋のために詰めたキュヴェ。価格から考えられない見事なバランス。このワインが飲める日本人は幸せだ。

これもオススメ ルイ・ジャド、メゾン・ロッシュ・ド・ベレーヌ、ルモワスネ

コラム

ブラインド試飲のススメ

ワイン会のブラインド・テイスティング（目隠し試飲）。銘柄を当てて、座をわかせたい。そう思う愛好家は多いだろう。漫画のように簡単にはいかない。

ヒーローへの近道は、観察眼だ。ボトルを持ってきた相手の趣味を見抜くこと。どこの産地が好きなのか。誰もが、得意な分野のボトルを持ってくる。ボルドー好きな人が、カリフォルニアを出して奇をてらうことは、まずない。

ブラインド試飲は、自慢のために生まれたわけではない。プロが品質を判断するための技術だ。ワインを買い付ける際は、瓶詰め前の樽からの試飲で判断する。頼りは自分の舌だけ。私の知る英国スーパーマーケットのバイヤーは、プライベート・ブランドを仕込むため、ニュージーランドで1日に100種もの樽を試飲する。ブレンド比率を考えながら、買い付けるワインを決めるのだ。

ブルゴーニュでは、ネゴシアン（ワイン商）が重要な役割を果たしてきた。ブドウ栽培農家が仕込んだワインを樽で買って、そのまま詰めたり、ブレンドしたりする。デュガ・ピィやルフレーヴから信頼されるクルティエ（仲買人）の坂口功一さんが教わったローラン・ルモワスネは、恐るべきテイスターだった。熟成途中のワインを見分けて、最良の樽を買い付けたそうだ。「造り手はどの樽が最もいいかわかっている。ローランの目はごまかせないと尊敬されたそうです」

ブラインド試飲は真実を明らかにする。1976年のパリの試飲会（154ページ）。三つ星レストラン「タイユヴァン」の栄光を築いた故ジャン・クロード・ブリナは、フランスの銘醸ワインよりカリフォルニア勢を評価した。フランスを代表する専門家だっただけに、悔しかったに違いない。亡くなる直前の取材で聞いたら、「フランス勢はショップから買ってきたばかりで、状態が悪かった」と、複雑な表情になった。空輸されたカリフォルニアワインの条件もよくはなかったが……。

ブラインドで飲み会をすると面白い。色調から産地や熟成年数に目鼻をつけ、香りや味わいから品種や気候を想像し、余韻の長さから品質に思いをめぐらす。記憶のデータベースを照合する過程で、ワインの本質を判断する能力が鍛えられる。銘柄を当てるより、論理的に考える過程が大切なのだ。ピントが合った時の知的満足感は大きい。料理との相性を考える上でも勉強になる。

ただし、自慢や批判は禁物。気の合う同士でしないと、厄介なことになる。

ローストビーフ ✕

簡素な肉にペトリュスの一滴を

no.97

2009
POMEROL
RESERVE

ポムロル・レゼルヴ セレクテッド・バイ・クリスチャン・ムエックス 2010

Pomerol Reserve Selected by Christian Moueix

希望小売価格	3000円
産地	フランス ボルドー地方ポムロル
ブドウ品種	メルロ、カベルネ・フラン
評価	—
輸入元	エノテカ　TEL 03－3280－6258

ワイン愛好家なら一度は飲んでみたいペトリュス。軽く10万円を超す価格ゆえ、普通ならかなわぬ夢だ。このワインを飲めば、その片鱗（へんりん）を感じとれる。当主のムエックス曰く「ペトリュスやラ・フルール・ペトリュスが1、2%含まれている」。ペトリュスの基準にもれたワインが使われているのだ。偉大な作柄の2009年は、アルコール度が14%に達した。絹のようなタンニンと、豊富な果実味。シナモン、コーヒーが香り立つバランスのよい味わいだ。

「クリスチャン・ムエックスが選別」という文句はだてではない。偉大な生産者の名前を冠する以上、変なものは出さない。これが輸出されるのは日本だけ。ペトリュスの100分の1を飲んでいると考えれば、心が豊かになる。偉大なワインには簡素な料理が合う。彼の自宅で昼食した時に出てきた主菜がローストビーフだった。西洋ワサビをつければ、ワインのスパイシーさと響き合う。ムエックスは「日曜日にゆっくり飲みたい」と。昼下がりにのんびりとどうぞ。

これもオススメ　シャトー・ジゴー、シャトー・プピーユ、シャトー・ル・ピュイ

ビーフシチュー

肉を欲する早飲みボルドー

no.98

2008
CRU BOURGEOIS
HAUT-MÉDOC

シャトー・ボーモン 2011

Chateau Beaumont

参考上代	2440円
産地	フランス ボルドー地方オー・メドック
ブドウ品種	カベルネ・ソーヴィニヨン63％、メルロ30％、カベルネ・フラン５％、プティ・ヴェルド３％
評価	10年が87点　WA
輸入元	ファインズ　TEL 03－5745－2190

ビーフの文字に弱い。略されているとさらに血が騒ぐ。ビフテキ、ビフカツ、ビフめし……牛肉が贅沢品だった昭和世代のせいだろう。洋食屋の定番ビーフシチューのレシピはいろいろだが、トマトと赤ワインを使うものが多い。ビーフ料理は気張ったワインを開けたくなる。特別感となるとボルドーだが、メドックの格付けシャトーにお買い得品はない。格付けにもれたクリュ・ブルジョワ（Ｖページ）に見つかる。ボーモンはサントリーが共同経営に参画し、力をつけている。

タンニンがしなやか。肉を食べたくなるスパイシーな香り。なめらかな口当たりが、シチュー肉のジューシーな質感とマッチする。陽気すぎない。品格と緊張感がある。ほのかな青さが複雑性を生んでいる。余韻に残るコーヒーの香りが心地よい。凝縮されすぎていないから、かえって料理に合わせやすい。格付けシャトーは寝かせないと魅力を発揮しない。早飲みのクリュ・ブルジョワを、ちょっといい食事に開けるのが、スマートな（倹約家の？）フランス人のやり方だ。

これもオススメ　カンボン・ラ・プルーズ、シサック、シトラン

すき焼き×
山椒をかけてスパイシーなシラーズと

no.99

THE LACKEY
SOUTH AUSTRALIA
2010
SHIRAZ
750mL

キリカヌーン ザ・ラッキー シラーズ 2010

Kilikanoon The Lackey Shiraz

希望小売	2200円
産地	オーストラリア 南オーストラリア州
ブドウ品種	シラーズ100%
評価	06年が89点 WA ★★★★★ AWC
輸入元	ジェロボーム TEL 03－5786－3280

すき焼きはワインとの接点が多い。キノコや春菊からくる土の香り。タレの甘辛い味つけ。牛肉のうまみ。新世界のピノ・ノワールもいいが、私の好みはオーストラリアのシラーズ。溶き卵をつけず、京都・錦市場「ぢんとら」（xviiiページ）の山椒と七味をかけて食べたい。シラーズは元々が牛肉と仲のよい品種。黒コショーのスパイシーさも秘めている。

ザ・ラッキーとは「下男」の意味。いい仕事をしているのに給料が安いから命名したとか。要はお買い得ということ。キリカヌーンはオーストラリアを代表するシラーズの生産者。南オーストラリア州には、リースリングも成功している涼しい産地がある。値段からは考えられない高品質。標高の高い畑で栽培されているから、酸も乗っている。口当たりがみずみずしい。柔らかくなった牛肉は、土の香り、香辛料、だしのうまみのすべてを吸い込んでいる。多面体のその魅力を、お手頃なシラーズがしっかりと抱きとめ、すき焼きのしつこさを中和してくれる。本当に働き者だ。

これもオススメ　ジム・バリー、アニーズ・レイン、パイクス

チョコレート×
胸の鼓動高まる最強のコンビ

no.100

M. CHAPOUTIER
2010
BANYULS
RIMAGE

M. シャプティエ バニュルス・リマージュ 2010

M.Chapoutier Banyuls Rimage

希望小売価格	2700円
産地	フランス ルーション地方
ブドウ品種	グルナッシュ 100%
評価	09年が90点　WA／★　MVF
輸入元	日本リカー　TEL 03−5643−9770

チョコレートとワインは合わせにくい。酸が邪魔をする。サイダーと一緒に食べればわかる。だが、チョコレートの大好きなフランス人に抜かりはない。定番は甘口のバニュルスだ。産地はスペインに近いルーション。干しブドウに近くなるまで収穫を待ち、発酵途中にアルコールを添加する。酒精強化ワインの一つだ。カカオ、地中海のハーブの香りがある。甘く、ほろ苦くて、まろやか。チョコレートを食べると、両方の甘さが継ぎ目なくつながり、甘美な後味がふくらむ。果てしなく続く余韻。胸のときめきが高まる。チョコレートにはキスと同じ〝媚薬効果〟があるとの説に納得。

シャプティエはローヌ北部に本拠を置くトップ生産者。ビオディナミを導入し、大地の力を生かしたワインを世に出す。美食家で、妥協を知らないミシェルの造るワインに死角はない。友チョコや自己チョコなど、何でもありのバレンタインデー。日本では各国の名品が手に入るが、バニュルスを添えて贈る人は少ないだろう。センスのよさが際立つかも。

これもオススメ　マス・ブラン、ジェラール・ベルトラン、トゥール・ヴィエイユ

コラム

このワイン、おろそかには飲まんぞ

さんざん書いておきながら何だが、ワインとおつまみに絶対の公式はない。甘口ソーテルヌと魚を合わせてもいい。普通はフォアグラやブルーチーズが定番だが。最高峰シャトー・ディケムの支配人ピエール・リュルトンは断言した。「ディケムは難しく考えられがちだが、舌平目のムニエルにも合うんだ」と。

さすがに無理があると思ったが、造り手がそう思うならそれでいい。

笹かまぼこでドン・ペリニヨンを飲んでもいい。ホストクラブやキャバクラで見栄のために飲み干すよりましだ。シャンパンはどんなおつまみにも合う食中酒だ。

せっかく飲むのなら、少しはワインのことを考えてあげたい。オーストラリアのワインを想像してみよう。畑仕事は大変だ。ベトナム移民が手で摘み取っているかもしれない。醸造には神経を使う。瓶に詰め、ラベルを貼り、箱に詰めて出荷する。船で赤道をまたぎ、日本に着いてからは、定温倉庫で保管される。小売店で買うと、宅配便のドライバーから我々の手元に届く。

大勢の人々の手を経た1本のボトルが2000円なら、驚くほど安い。我々は血と汗の結晶を飲んでいるのだ。私はどんなワインを前にしても、映画『七人の侍』の志村喬の気分で相対している。

「この飯、おろそかには食わんぞ」

そこから、ワインに無理強いしない料理との組み合わせをまとめようと思った。フレッシュな果実味を生かす。しなやかなタンニンと歩調を合わせる。酸やクリーミーな味わいを大切にする。経験的に体得した組み合わせをまとめてみた。

しかし、これは出発点にすぎない。日本には多彩な食材があり、さまざまな調味料や調理法がある。カツオの刺身にマヨネーズをつける食べ方もある。食は冒険なのだから。そして、世界のワインを探すのも大いなる旅だ。

最後に最も好きな組み合わせを紹介しよう。フライドポテトとブルゴーニュの赤だ。簡素にして最高。私がブルゴーニュ好きになったきっかけは、20年以上前、パリの「トゥールダルジャン」で飲んだ85年のジブリ。90年代は毎日のようにブルゴーニュを飲んだ。

お買い得ワインを発掘し、相性のいいおつまみを見つけた時が一番うれしい。お気に入りの組み合わせを見つけて、人生を豊かにしよう。

索引

タ

索引

ラ

ワ

カバ
スペインの主にカタルーニャ地方で生産されるスパークリングワイン。シャンパンと同じ瓶内二次発酵方式を用いて、安価で楽しめるワインを生産する。主要品種はマカベオ、チャレロ、パレリャーダ。世界で人気上昇中。

カリフォルニア
米国ワイン生産量の９割を占める一大産地。生産量はフランス、イタリア、スペインに次いで４番目。南北に長く、海岸から内陸に広がる地勢と変化に富む気候を生かして、多くの品種が生産される。多様性が最大の特色。

カルトワイン
カリフォルニアで評論家から高得点を得る少量生産ワイン。元祖はスクリーミング・イーグル、ハーラン・エステート、コルギン、アローホ、ブライアント。凝縮した果実味を備える。入手困難なため、市場価格は売り出しの２倍以上。

キンメリジャン土壌
石灰と粘土の混じった泥灰土で、貝の化石が含まれる。産するワインは独特のミネラル感を備える。シャブリで有名だが、シャンパーニュ地方やロワール地方サンセールでも見られる。英国ドーセット州のキンメリッジ村に由来。

クリュ・ブルジョワ
1855年のメドック格付けにもれたシャトーが、ブルジョワ級として格付けを行った。その後の変遷を経て、2008年ヴィンテージからは等級のない認証となった。シャトーは毎年、サンプルを提出して審査を受ける必要がある。

コート・ドール
黄金丘陵。ブルゴーニュで偉大なワインを生む南北50キロの産地。「コート・ドリエント」（東向き斜面）に由来するとの説と、秋の金色の畑をさすとの説がある。北のコート・ド・ニュイと南のコート・ド・ボーヌに分かれる。

コルク臭
汚染された天然コルクが主な原因の異臭。濡れたダンボールや犬の毛のにおいがする。コルクに含まれる農薬や塩素の化学反応で生じる。市場のワインの５％以上に発生しているとの説も。仏語でブショネ、英語ではコルキー。

サステイナブル・ワイングローイング
環境保全型ワイン生産。地球環境に優しい生産法。有機栽培に近いが、持続可能な点を考慮し、必要なら最小限の農薬も使用する。栽培だけでなく、労働者の健康、排水、地域の環境、大気保全など全体の持続性を重視する。

サロン
毛皮商ウジェーヌ・エメ・サロンの情熱の賜物である高級シャンパン。1911年に初めてブラン・ド・ブランのシャンパンを世に出した。パリのマキシムで人気を集め有名に。優良なヴィンテージにのみ少量生産される。

シャトー・ペトリュス
ロマネ・コンティと並んで最も高価なワインの一つ。市場価格は十数万円以上。ボルドーのポムロルから、メルロ100％で造られる。ビロードの舌触りと香り高さを持ち、数十年の熟成に耐える。偽物が最も多いワインでもある。

シャンパン
スパークリングワインの代表。仏シャンパーニュ地方のブドウを使って、瓶内二次発酵方式で造られる。ブドウの圧搾や熟成期間に厳しい規定があり、全体の水準が高い。強力なマーケティングでブランド・イメージを築いている。

酒精強化ワイン
醸造過程でアルコール（酒精）を添加してアルコール度を高めたワイン。有名なのはシェリーとポート。マデイラ、マルサラ、ヴァン・ドゥー・ナチュレルも同じ手法をとる。甘口が多い。主に食前・食後酒として飲まれる。

スクリューキャップ
代替栓の一つ。オープナー不要の手軽さと、ブショネの心配がない安心感で人気が高い。オーストラリアやニュージーランドから、カリフォルニアにも広がっている。英国のスーパーのプライベート・ブランドにも多い。

スパークリングワイン
発泡するワイン。ベースとなるワインを造って、瓶やステンレスタンク内で二次発酵させて造る。代表格シャンパン以外では、スペインのカバ、イタリアのプロセッコ、フランチャコルタなどが有名。対するのはスティルワイン。

スペイン
品質向上著しい生産国。地中海、大西洋、大陸性など異なる気候の影響で、多彩なワインが生産され、土着品種も多い。テンプラニーリョ、ガルナッチャなどの赤ワインに加え、白ワインのアルバリーニョ、ゴデージョにも注目が。

セカンドワイン
主にボルドーのシャトーで生産される格下げワイン。看板となるグランヴァンの品質を上げるため、若樹や条件の悪い畑のワインを樽で選別して瓶詰めする。1990年代以降に増えて、今はサードワインを生産するシャトーも。

ソノマ・コースト
カリフォルニア州のサンフランシスコから1時間半以上北上するワイン産地。太平洋を流れる寒流や午前中の霧の影響で涼しい。高品質なシャルドネとピノ・ノワールを産する。近年、注目を集め、多くの生産者がブドウを求める。

ディアム
天然コルクを粉末状にし、炭酸ガスでコルク臭を引き起こす物質を除去し、高圧で成形する栓。コルク臭の不安が少ないだけでなく、瓶熟成のムラもない。見た目の違和感がないため、フランスでも多くの生産者が導入している。

ドザージュ
糖分添加。シャンパンなどのスパークリングワインを出荷する前、瓶内熟成で生じた澱を取り除いたところに、門出のリキュールを加えること。添加量によって、ワインの甘辛度が決まる。少ないほど、辛口に仕上がる。

ドメーヌ
自社畑で栽培するブドウを瓶詰めする生産者。反対がネゴシアン。自家元詰めにより一貫した品質管理ができる。ボルドーでは「ミ・ザン・ブテイユ・オ・シャトー」、カリフォルニアでは「エステート・ボトルド」と表示。

ナパ・ヴァレー
カリフォルニアの代表的産地。サンフランシスコから車で90分ほどの内陸部に広がる。ボルドー品種主体の赤ワインが中心で、カルトワインの多くを生んでいる。ワイン観光産地としても知られ、星付きレストランも多い。

ネゴシアン
ワイン商。ブドウ、果汁、ワインを購入して、産地の特色を表現するワインを生産する。小規模農家の多いブルゴーニュで大きな役割を果たしてきた。ボルドーでは高級ワインを世界各国に販売するのに特化したネゴシアンも。

パリスの審判
1976年にパリで開かれた試飲会。フランスの専門家がフランスの銘醸ワインとカリフォルニアワインをブラインド試飲し、カリフォルニア勢が圧勝。カリフォルニアワインの卓越性を世界に広めた。映画にもなっている。

ビオディナミ
オーストリアの思想家ルドルフ・シュタイナーの影響を受けた有機農法の一種。畑で化学薬品や肥料を使わず、天体の動きに合わせて、栽培や醸造を進め、草を煎じた特殊な調合剤をまいたりする。英語でバイオダイナミックス。

ビオロジック
有機栽培をさす広範な用語。畑で、除草剤、殺虫剤、化学肥料などを使わず、土壌の活性化を図り、生態系を保全する。エコセールやAB（アグリキュルチュール・ビオロジック）などの認証団体がある。

瓶内二次発酵
シャンパンで有名なスパークリングワインの醸造法。ワインを瓶に詰め、酵母とショ糖からなるリキュールを加えて２度目の発酵を行う。瓶内で糖分が炭酸ガスとアルコールになり、ワインに泡が溶け込んで、複雑な香味を生む。

ブラン・ド・ブラン
白ブドウのシャルドネだけで造られるスパークリングワイン。酸とミネラルを備え、繊細、軽快で優雅な味わい。シャンパンでは、コート・デ・ブラン地区のシャルドネが素材となる。20世紀の後半から流行が始まった。

ブラン・ド・ノワール
黒ブドウのピノ・ノワール、ピノ・ムニエだけで造るスパークリング。肉料理にも合わせられる強さを持つ反面、下手に造るとシャルドネのもたらす繊細さに欠けて、重くなる。バランスのとり方が難しく、多くは造られていない。

ブルゴーニュ
シャルドネとピノ・ノワールから高級ワインを生む産地。心臓部コート・ドールのほか、シャブリ、マコンやガメイ主体のボージョレなどの産地が広がる。修道僧が中世から開拓し、厳密に格付けされる。日本は３番目の輸入国。

ボルドー
最高品質ワインを量産する有名産地。大西洋の影響を受ける海洋性気候で、理想的条件ではないが、恵まれた土壌と生産者の努力で、世界の手本となる高級ワインを生産する。フランスが輸出するスティルワインの３割を占める。

ボルドー・メドックの格付け
ナポレオン３世が1855年のパリ万博の際にシャトーを格付けした。１級のオー・ブリオン以外はメドック地区のシャトー。基準は当時の取引価格。翌年、カントメルルが５級に追加され、1973年にはムートン・ロートシルトが１級に昇格した。

マスター・ソムリエ（MS）
ソムリエの最高資格。高度なサービス、理論と試飲能力を試される。米国を中心に218人の資格者がいる。2013年の米国の試験では70人の候補のうち合格者は１人。レストランやコンサルタント、ワイナリー経営などで活躍する。

マスター・オブ・ワイン（MW）
ワイン界最高峰の資格。栽培、醸造、取引、ワイン法など幅広い知識が求められ、世界中のワインを見分けるブラインド試飲は難度が高い。英国人が中心だが、24カ国に312人がいる。ワイン商、評論家、教育家などが中心。

マセラシオン・カルボニック
軽快、フルーティーで色鮮やかなワインを醸す手法。炭酸ガスを満たした発酵槽にブドウを房ごと置き、流れ出た果汁の発酵によって、独特の香り高いワインが生まれる。ボージョレ・ヌーヴォーでよく用いられる。

メイラード反応
アミノ酸と糖が反応して褐色物質メラノイジンを生み出す化学反応。焼いたパンから香ばしい香りが生まれるのがその一例。常温でもその反応は起き、熟成したシャンパンにビスケットのような香ばしさが生じるのもその一つ。

メゾン・ルロワ
ブルゴーニュの頂点に立つ造り手ラルー・ビーズ・ルロワ率いるネゴシアン。天才的な試飲能力で、優良なワインを買い付けている。古いヴィンテージの揃った酒庫はワインのルーブル美術館と言われる。高めだが、高品質。

モンラッシェ
『三銃士』の著者アレクサンドル・デュマが「脱帽し、ひざまずいて飲むべし」と賞賛した。ブルゴーニュの約８ヘクタールのシャルドネの畑から、長期熟成型の世界最高の白ワインが生まれる。まさに飲む甘露。少量生産で高価。

ローヌ
フランス南部のローヌ川沿いに広がる産地。歴史は長い。シラーやヴィオニエなどが主体の北部と、グルナッシュ、ムールヴェドル、ルーサンヌなどが主体の南部に分かれる。赤ワインが中心。濃厚で力強く、長く寝かせられる。

ロバート・パーカー
世界で最も大きな影響力を有するワイン評論家。ボルドー、ローヌの分野では追随を許さない。100点方式による評価で、世界のワインを民主化した。果実の凝縮したワインを好む傾向がある。愛妻家で、謙虚な性格。1947年生まれ。

ロマネ・コンティ
最も高価なブルゴーニュワイン。年産約6000本。世界中の愛好家が探し求め、オークション価格は100万円を超えることも。偽物の増加も問題になっている。神秘的な魅力をたたえ、飲まれるよりも語られることが多い。

ロワール
東西に流れるフランス最長のロワール川流域に広がる産地。品種も醸造法もさまざまで、多彩なワインを産する。主要品種は、白がソーヴィニヨン・ブラン、シュナン・ブラン、シャルドネ、赤はカベルネ・フラン、ガメイなど。

ワイン・アドヴォケイト
ワイン業界で最も影響力のある隔月刊のニュースレター。ロバート・パーカーが1978年に創刊。広告はとらず、年間100ドルの購読料で運営されている。現在は、過去のデータも網羅したウェブ版に軸足を移している。

ワシントン州
カリフォルニア州に次いで全米第2の生産量を誇るワイン産地。半砂漠地帯が広がり、昼夜の温度差と降雨量の少なさでブドウ栽培に適している。シャルドネ、リースリング、ボルドー品種などから高い水準のワインを産する。

ブドウの品種と特徴

赤

カベルネ・ソーヴィニヨン
ボルドーの代表品種。タンニン豊かで、フルボディに仕上がる。米国、オーストラリアでも高級ワインを生産。

カベルネ・フラン
ボルドーでカベルネ・ソーヴィニヨンの補助品種。ロワールやカリフォルニアは単独で栽培。完熟すると香り高い。

ガメイ
ボージョレ・ヌーヴォーで有名。果実味が豊かで、早飲みタイプが一般的。ロワールでも栽培される。

グルナッシュ
ローヌ南部やスペインの地中海産地で栽培。果実味と芳香性が豊か。フランスでは南のピノ・ノワールと呼ばれる。

サンジョヴェーゼ
イタリア・トスカーナが代表産地。酸と果実味を備え、料理とも幅広く合う。イタリア以外では成功していない。

シラー（オーストラリアではシラーズ）
ローヌ北部のコート・ロティ、エルミタージュが代表産地。新世界でも盛んに栽培される。スパイシーで品がある。

テンプラニーリョ
スペインの代表品種。リオハやリベラ・デル・ドゥエロが有名産地。熟成力のある高級ワインに仕上がる。

ピノ・ノワール
ブルゴーニュが発祥。香り高さで魅了する。病害に弱く、栽培は難しいが、造り手が一度は手がけたい品種。

メルロー（フランスではメルロ）
ボルドー右岸が代表産地。タンニンが柔らかく、カベルネより早く熟す。新世界でも盛んに栽培される。

白

アルバリーニョ
スペイン北西部ガリシア州で注目される。酸、アルコール、香りの高さが特色。魚介類との相性が抜群な海のワイン。

グリューナー・フェルトリーナー
オーストリアで最も多く栽培される品種。ヴァッハウが代表産地。辛口でスパイシー。和食と相性がよい。

グレーラ
プロセッコの主要品種。イタリア・ヴェネト州で栽培。高品質なブドウは、標高の高い斜面から生まれる。

ゲヴュルツトラミネール
アルザスが有名。ライチやバラの香りがする。華やかで、わかりやすい。スパイシーな料理とよく合う。

甲州
生食も可能な日本の固有品種。山梨県原産。ニュートラルで軽快な味わい。世界の和食ブームで注目を集めている。

シュナン・ブラン
ロワールが有名で、南アでも成功している。辛口、甘口、スパークリングなどに仕立てられる。和食とも好相性。

シャルドネ
ブルゴーニュが起源だが、世界中で造られる。繁殖力が高く、醸造方式によってさまざまなスタイルに仕上げられる。

ソーヴィニヨン・ブラン
ロワールとボルドーが主要産地だが、ニュージーランドでも成功。柑橘系の香りがあり、和食と幅広くマッチ。

ピノ・グリージョ
アルザスで有名なピノ・グリのイタリア名。カリフォルニアでも成功している。軽快で、フルーティー。

ピノ・ブラン
アルザスが有名。ピノ・ノワールの突然変異種。シャルドネと似た性格を持ち、ブルゴーニュでもブレンド可能。

ミュスカ
麝香の香りが特色。微発泡のモスカート、アルザスの補助品種、甘口、酒精強化などさまざまなタイプに使われる。

リースリング
ドイツやアルザスの主要品種。新世界の冷涼産地からも優れたワインが登場。きれいな酸を備える優雅な味わい。

インドカレーの店　アールティ　TEL 078-647-7755
http://www.aarti-japan.com/
本格インドカレーやナンを冷凍便で。メルマガでお得なセットが随時流れてくる。まとめ買いがオススメ。

インペリアル・キッチン　TEL 0120-76-0149
http://www.imperialkitchen.co.jp/
帝国ホテルの洋風惣菜を冷凍や缶詰にした。シチュー、グラタン、ハンバーグなど本格的な味わい。

かなはし水産　TEL 0120-28-9461
http://www.kanahashi.co.jp/
釧路に本拠を置くカニの専門店。北海道の魚介や魚卵も揃えている。市場の状況で出るお買い得品をチェック。

紀ノ国屋 オンラインストア　TEL 03-3409-1231
http://www.super-kinokuniya.jp/eshop/
首都圏に展開する高級スーパーの通販。パテ、スモークサーモン、キャビアなど、やや高いが上質。

グルメミートワールド　TEL 0120-000-029
http://www.gourmet-world.co.jp/shopping/
鴨、鳩、鹿などジビエが充実。フォアグラやイベリコ豚もあり。肉好きのあらゆる要望に応えてくれる濃い店。

菜香　TEL 0120-315-275
http://www.saikoh-syokuhin.com/
横浜・中華街の点心で有名な店。可憐なエビ蒸し餃子、チャーシューまん、小籠包など手作り品を直送。つい頼みすぎる。

シニフィアン・シニフィエ　TEL 03-3422-0030
http://s-s.shop-pro.jp/
東京・三軒茶屋に本店を構えるパン屋の通販サイト。バゲット、クロワッサンなど、本場と変わらない味を楽しめる。

ぢんとら　TEL 075-221-0038
http://www.e385.net/dintora/
京都・錦小路に店を構える七味や山椒の専門店。極上山椒は香り高いのに辛くない。一度使うと病みつきに。

TRA NOI　TEL 050-3588-8633
http://www.tra-noi.com/
オリーブオイルが充実。イタリアで買い付けたチーズ、生ハム、パスタソースも。見ているだけで楽しい。

馬刺し専門　若丸　TEL 0265-86-2929
http://www.rakuten.co.jp/wakamaru/
長野県に本拠を置く馬刺し専門店。赤身、タテガミ、中落ちなど多彩な品揃え。まずはお試し品から。

フレンチOGINO　TEL 03-3795-2110
http://www.ogino-online.com/
東京・池尻のフレンチレストランが手作りするパテとテリーヌ。フランスと時差がない。ワインがすすむ。

山口グルメデパート　TEL 0835-25-1212
http://item.rakuten.co.jp/y-gourmet/
宮内庁御用達のかまぼこ「白銀」や「秋芳」を送料無料で。白銀は５本で3600円。試す価値はある。

謝辞

ワイン選びやコラムで、大橋健一氏、大橋次郎氏、志村有一氏、堀賢一氏、和田利弘氏から貴重な意見をいただきました。

撮影用サンプルを協賛いただいたエノテカの佐野昭子さん、ジェロボームの山下陽子さん、テラヴェールの周嘉谷玲子さん、中川ワインの高村容子さん、三国ワインの田結幸絵さん、ミレジムの長縄三世さん、ヴィレッジ・セラーズの中村芳子さん、ワイナリー和泉屋の新井治彦氏、ワイン・イン・スタイルの斎藤美樹さんら、インポーター各社と担当者の方々にもお礼を申し上げます。

助言をいただいた編集者の山田智子さんと編集長の首藤由之氏にも、改めてお礼を申し上げます。

山本昭彦 やまもと・あきひこ
1961年山口県生まれ。ワイン・ジャーナリスト。専門誌「ヴィノテーク」「ワイン王国」などに、食とワインの記事を執筆。シャンパーニュ騎士団オフィシエ・ドヌール。著書に『おうち飲みワイン100本勝負』(朝日新書)、『死ぬまでに飲みたい30本のシャンパン』(講談社+α新書)など。

ワインレポート　http://winereport.blog.fc2.com/

朝日新書
441
おつまみワイン100本勝負(ぼんしょうぶ)

2013年12月30日 第1刷発行

著　者　山本昭彦
発行者　市川裕一
カバーデザイン　アンスガー・フォルマー　田嶋佳子
印刷所　凸版印刷株式会社
発行所　朝日新聞出版
〒104-8011　東京都中央区築地5-3-2
電話　03-5541-8832（編集）
　　　03-5540-7793（販売）

Published in Japan by Asahi Shimbun Publications Inc.
ISBN 978-4-02-273541-6
定価はカバーに表示してあります。
落丁・乱丁の場合は弊社業務部(電話03-5540-7800)へご連絡ください。
送料弊社負担にてお取り替えいたします。